U0175954

大国城事
破解城市兴衰密码

李俊鹏 著

电子工业出版社
Publishing House of Electronics Industry
北京·BEIJING

内 容 简 介

本书内容基于作者十余年的城市规划工作和创业经验、一百余项实战案例总结、上百座城市游历体会、二百多篇原创专业文章分析提炼而成。本书以"用战略思维解决问题"为主线，系统阐述"战略之道"——4大战略心法、10大战略视角和8大实战方法，突出"现学现用"；梳理阐述"发展之道"，分别从都市圈、同城化、新城新区、资源转型、城市更新、县域经济等不同维度拆解与探索区域和城市的发展规律；重点阐述"城市之道"，聚焦长三角、粤港澳大湾区、成渝等热点地区和城市，进行发展对策分析；基于"河南即中国缩影"的逻辑基点，深度探究中原发展路径，从而窥斑见豹。本书力求打通城市与个人的发展之"道"，希望有助于解决城市、行业的痛点问题及个人的转型焦虑。

图书在版编目（CIP）数据

大国城事：破解城市兴衰密码 / 李俊鹏著 . —北京：电子工业出版社，2023.5
ISBN 978-7-121-45527-8

Ⅰ.①大…　Ⅱ.①李…　Ⅲ.①城市规划—研究—中国　Ⅳ.①TU984.2

中国国家版本馆CIP数据核字（2023）第077579号

责任编辑：秦　聪
印　　刷：天津千鹤文化传播有限公司
装　　订：天津千鹤文化传播有限公司
出版发行：电子工业出版社
　　　　　北京市海淀区万寿路173信箱　邮编　100036
开　　本：720×1 000　1/16　印张：18.25　字数：321.2千字
版　　次：2023年5月第1版
印　　次：2023年5月第1次印刷
定　　价：69.90元

凡所购买电子工业出版社图书有缺损问题，请向购买书店调换。若书店售缺，请与本社发行部联系，联系及邮购电话：（010）88254888，88258888。

质量投诉请发邮件至zlts@phei.com.cn，盗版侵权举报请发邮件至dbqq@phei.com.cn。

本书咨询联系方式：（010）88254568，qincong@phei.com.cn。

目　录 ≫

PART 3　青梅煮酒论城事 　　| 119

滚滚长江东逝水，浪花淘尽英雄

一部中原史，半部华夏史

导 言

一名城市规划师的
自白

众里寻他千百度。蓦然回首，那人却在，灯火阑珊处

　　北冥有鱼，其名为鲲。鲲之大，不知其几千里也；化而为鸟，其名为鹏。正在打开这本书的朋友，您好，我是鹏哥。

　　2008 年，于中山大学毕业后，我有幸进入某甲级规划院，一待就是将近 10 年。

　　初入规划院时的我，工作经验为 0、专业优势为 0，加上性格内向，前几年一直是职场"小透明"。我至今记得第一次汇报项目的情况：当天上午，项目组突然接到甲方通知，下午要听汇报，项目负责人刚好临时有事，无法进行汇报，时间紧迫，领导在万般无奈之下让我汇报，我在没有任何准备的情况下，只得硬着头皮顶上。汇报的具体内容我已记不清了，但紧张的情形历历在目，满头大汗、满脸通红、嘴唇发颤、手脚发抖，更要命的是——脑中一片空白，只是对着电脑屏幕机械地念稿子。可想而知，我汇报得一塌糊涂，被批评得更是恨不得找个地缝钻进去。但正是经历过那次汇报，我心头的一块石头反倒落地了，以后再有汇报，我想的是"再坏能坏到哪儿去"，丢掉了心理包袱之后，汇报越来越顺了。

　　2011 年，我第一次以项目负责人的身份，负责某县域总体规划，凭此获得全国优秀设计奖。之后数年，我陆续负责和参与了数十个各种类型的项目，逐渐谙熟行业运营模式。2016 年初，我顺利晋升为部门技术负责人。

　　日子简单安稳，然而从彼时起，我意识到自己需要承担更多的责任，开始审视自己的过往和未来，思考这是否是我想要的生活。2016 年，我成为两个孩子的父亲，也与好友一拍即合，走上第一次创业之路。

迈出创业第一步

　　创业初始，非常困难，既无经验，又无团队，更无市场和项目，有的只是一腔热血和激情。但也正是这一腔热血与激情，鼓舞我们克服各种困难，勇往直前。没有经验，就各处取经；没有团队，就各方搜罗；没有市场，就想方设法开拓。终于，经过一两个月的艰苦摸索，我们开始有些眉目：拉到一两个启动项目，招到两三个初始员工，并在一处老写字楼里租了一间办公室，开启了正式创业。

到了2017年，才是真正的团队作战。这一年，是困难最多、问题最多、挑战最大的一年，也是团队发展和个人成长最快的一年。团队由最初的三四个人壮大到三四十人，市场也由最初的一两个扩展到数个地市，产值做到3000万元以上。但市场开拓、巩固及维护的压力逐步增大；因团队扩大，团队磨合、日常经营、人员技术培训提升等各项经营管理事务纷至沓来；由于规划市场项目周期长及付款进度慢的特殊性，再加上团队规模大，各项开支大，使得运营成本压力陡增。同时，项目增多也意味着进场调研、进度把控、统筹协调、技术攻坚、汇报沟通等工作量及难度加大，尤其是新类型项目及新员工居多，绝大多数项目需要投入更多的时间和精力。

我已记不清当时出过多少次差，熬过多少个夜，承担过多少种角色。但记得有一次在出差途中，我太过疲乏，导致座驾与一辆三轮车剐蹭，前车门直接报废，吓出一身冷汗。那一年，由于投入太多时间和精力到工作中，我几乎没陪伴过家人。各项开销也空前增加，最困难时，信用卡刷爆，口袋里只揣几十元钱，连汽车加油、保养都得精打细算，那种窘境，至今历历在目。

好在风雨之后终见彩虹。经过团队的共同努力，最艰难的2017年终于度过，团队架构趋于稳定，骨干人员逐步养成，市场根基也逐步稳固，各项目款陆续到账，办公场地换成了300平方米的全新办公空间，我终于长出了一口气。

创业的淬炼使我逐步实现了由单纯的城市规划技术人员，向技术负责、团队管理、市场运营角色的全方位"蜕变"。在此期间，我养成了早起的习惯，每天早上6点半准时起床，坚持至今，并学会了运用高效的时间管理方法，更调整了心态、思维和认知方式，尤其是看问题的视角、思维高度和认知深度都得到大幅更新。

坚定战略咨询之路

随着一切逐步步入正轨，我内心一直以来的梦想越加涌动：打破"甲强乙弱"的行业窠臼，走传统甲乙方之外的"第三方"道路，追求"与有趣的人一起，做有趣的事"，用有价值的研究，切实带动地方发展，取得知识分子的价值和尊严，顺便实现财富自由。然而，道路具体在哪儿、怎么走，我其实并不十分清楚。

我的第一次创业，从常规意义上看，在市场经营、项目合同额、团队组建及管理等各方面，取得了相对不错的成绩，但从长远看，对市场来说，只是多了一个新的规划机构，对团队来说，只是营收有了增加，对自身来说，只是从一家规划院换到了另一家，所遵循的模式与以往别无二致，只不过角色有所改变而已，这显然并不是我想要的生活。所以，即使眼看瓜熟蒂落，坐等分红就可收获颇丰，尤其是经过多年相处及一年多的磨合，已经与合作伙伴及团队有了感情，但此时，相比物质及眼前的一切，另一个声音，在我内心深处又无数次强烈地呼唤着。于是，虽然有着诸多不舍，我依然在 2018 年初，在一个共享办公空间租了一小间办公室，开启"闲云野鹤"的一年，实现了由"圈养"到"放养"再到"野生"的转型。

从参加工作到此时，转眼已十年，我第一次真正地跳出所谓的平台，纵身一跃，投身江湖，犹如沧海一粟。看似轻盈的一小步，实则经历了内心的恐惧、彷徨、挣扎、斗争与决绝。尤其是人到中年，面对"上有老下有小"的压力，内心的那份矛盾与纠结，个中滋味，只有局中人才了解。但过往的生活和状态，却又真的不是自己想要的。我的想法，其实也很简单：停下脚步回看来时路，放空身心，找回自我，并做好了最坏的打算，要勒紧裤腰带过日子。

我没有急于再次组建团队，而是决定先给自己来一次彻底放空，并设定了小目标：一是对过往的十年做个回顾与总结，找回初心；二是读完 50 本书，认清自我；三是写出 50 篇文章，约束自我。

这一年里，少了往日的纷扰，多了内心的自省；少了无谓的焦躁，多了沉稳的笃定；少了深夜的迷茫，多了黎明的曙光。虽然，仍有困惑，仍有彷徨，但内心的那个自我轮廓，逐渐清晰。

通过大量阅读，我解开了以往的诸多疑惑，完善了知识体系。尤其是知名战略咨询专家王志纲老师所著的《谋事在人》，虽已出版 20 多年，但阅读其文字依然令人心潮澎湃。也是从那时起，我意识到自己真正的兴趣和志向，坚定地选准了战略咨询的赛道方向，并立志寻找属于自己的"知识分子的第三种生存方式"，至今未变。

纲举目张。我开始真正全身心地进行对战略咨询的学习。先是将王志纲老师过去出版的十多本著作全部买来，然后通过网络搜集他所写过的所有文章，并以此为内核，进一步扩展，认真研读与战略咨询相关的著作及文献。不夸张地说，单单打印出来的文章用纸，装满一麻袋绰绰有余。

正是这段集中系统的学习、积累和修炼，我真正将以往的学习、工作和创业经历串联起来，将专业学习、项目实践中的碎片化知识整合起来，培养战略思维认知，构建战略知识体系，总结战略方法论。

我也是在这一年开启了"大鹏视野"公众号的写作，通过输出更好地促进输入。我时刻提醒自己要坚持原创，强迫自己养成习惯、形成自律。写作的过程，是对所见所思的洗练，更是对内心的洗礼。

写过公众号文的人知道，运营一个小小的公众号看似简单，但绝对是一项劳神又劳力的差事，是对个人身心的全新考验。尤其在启动之初，更是一种煎熬，殚精竭虑写出来的文章，阅读量仅仅一两百次，更有可能不过百次，点赞量和粉丝量更是寥寥无几，绝对是对自信心和积极性的巨大打击，很多人就是受不了这种煎熬，所以刚开始没多久就主动放弃了。所幸，我度过了前期的煎熬，心态逐渐平和下来。

终于，我的努力，迎来了第一次高光时刻。2018 年 3 月，适逢规划机构改革，一篇无心之作竟然成为一篇爆款文，阅读量迅速超过 10 万次，数十个大大小小平台争相转发，全网阅读近百万次。之后，我又一鼓作气，围绕该主题陆续写出多篇阅读量超过 10 万次的文章，尤其让我感到欣慰的是，4 年时间过去，当初的很多预判几乎逐一应验，这在很大程度上得益于长期钻研战略咨询。更重要的是，经过不断的刻意输出和输入，我的战略思维认知得到了极大提升。

随着系列爆款文的推出，我很荣幸受到合肥的邀请，与国内顶尖团队一起，参与合肥的国土空间总体规划项目，这是一次非常难得的学习和成长机会，正是得益于此，我逐步将研究视野扩大至宏观层面。

读万卷书，行万里路，作为一名城市规划师更应该如此。**规划师，不走遍上百座城市，不足以谈规划；建筑师，不实地寻访上百个经典作品，不足以谈建筑；策划师，不复盘上百个成功案例，不足以谈策划。**因此，经过几个月酝酿，2018 年 10 月，我独自背上背包，开启了一个人的"行走中国"之旅。我用了近三个月的时间，走遍 10 多个省份、上百座城市，行程数万千米，每天 3 万多步，迎着凌晨的街灯出发，伴着夜晚的月光归来，遍访数百个标杆项目，拍摄了 3 万多张照片。**这次"躬身入局"，使自己更全面和直观地感知了"城乡中国"和"理想中国"，将原本碎片化的空间认知完成"拼图"，建立起更为立体直观的宏观思维坐标，也更深刻地理解了不同区域和城市发展差距的内在逻辑。**

开启战略咨询实践

2019 年初，我从栖身一年的共享办公空间，搬到郑东新区的新办公室。接着就是抓紧组建小团队，全身心地投入新的事业。从零开始，一切都要亲力亲为。虽累但很充实，因为我开启了真正意义上的由传统规划范式向战略咨询范式的转型。虽然之前也负责过一些类似的项目，但真正进入实战层面，才发觉还有诸多欠缺，于是起早贪黑，一边实战，一边恶补相关知识。

我对团队的理念是人员不在多，贵在精。所以，虽是小团队，但作战能力很强，更主要的是大家志趣相投。我们先后承接了数项发展战略规划、概念性规划、空间规划和产业发展规划，同时参与了多个园区策划和政府决策咨询项目，几乎全是硬仗，任务量大，难度更大。好在齐心协力、披荆斩棘，团队终于将一个个项目成功攻克，交出了优秀答卷。

繁忙的工作之余，公众号一直是我坚守的主阵地。结合实战和学习，聚焦行业洞察和个人成长，我完成了写作 200 篇原创文章的小目标，陆续写出多篇爆款文，在行业和相关地区形成了一些影响力，并有幸数次受邀参与省部级内参撰写，欣喜之余，更充分地感受到战略的威力和魅力。

这次创业经历，使我对规划行业和咨询行业的感悟更深了。战略规划和决策咨询，在严格意义上属于非法定规划，但却是典型的"一把手"工程，事关全局、事关长远，服务对象自然也是决策层。所以，无论是对项目的重视程度、推进力度，还是项目进展及回报，都非之前传统规划模式能比，而这也充分证实了创业之初的想法，即完全靠知识价值赢得市场尊重这条路是可行的。

与第一次创业相比，这次是我真正以创始人的身份进行创业。看似角色的简单转换，但个中乾坤简直天壤之别。无论团队大小，只有身居其位，才能真正学会统揽全局，用决策者的视角和思维，做出有价值的战略咨询服务。由此，我才深刻理解战略咨询机构华与华的创始人华杉讲过的，他的一位企业客户对他的点拨：真正的企业战略咨询从业者，必须自己先懂得企业运营全过程，才能真正为企业做出好战略，否则只会是纸上谈兵。

进入知识付费新赛道

当然，创业很难一帆风顺。2021 年，一些项目由线下转线上，一些项目停滞，一些项目直接取消，综合因素叠加，造成 2021 年下半年团队运营异常艰难，也正是从这时起，我开始反思当时的发展模式能否持续。

与面对部门的传统规划模式相比，聚焦核心决策层的战略规划显然具有诸多优点，并且经过实战验证，但同样面临赛道不宽、频次不高，且存在诸多不确定性等困境，因此，孤注一掷地固守这样的单一赛道并不可取。

同时，经过多年钻研和实战，我愈加发觉，其实很多人对战略有一种认识误区，包括许多专业规划人士，认为战略就等于战略规划。但其实，战略真正的精髓不是成果本身，而是背后的战略视角、思维和方法论。甚至说，战略眼光是不确定性时代中，城市、企业、个人的"刚需"。

基于此，我开始进行对战略方向的初步调整，由以往单纯面向 B 端，逐步调整为同步面向 B 端和 C 端。在此战略导向下，我开发出的第一个产品，便是在知识星球上的"鹏哥的战略星球"，开始由规划编制向战略咨询、知识付费方向转型。变换赛道看似简单，但要熟悉新赛道的底层逻辑及规则，其实需要付出很多。经过一两个月的摸索，我认为知识星球平台及产品属于战术级，可以作为选择项，但并非战略级，必须寻找新的战略性赛道。

2022 年初，我开始重仓视频号。我先后看了许多不同领域的视频号，尤其是看到许多印象里早已功成名就的人物，竟也躬身入局，更深切地体会到，转型不只是某个行业、某个人，而是整个时代的命题。同时，通过持续关注，我眼见诸多博主在短期内崛起，尤其是看到一个个直播间价值变现之快，着实瞠目结舌。除单纯的经济价值外，更是看到，不少知识博主的直播，令原本冷门的领域也能吸引那么多同频共振的人，体现自身价值。猛然间，感受到有一道光照亮了。

于是，我报了两门知识付费课程，开启了又一个新赛道的修行。除课程外，我投入大量的时间和精力，进行对商业定位、知识产品体系、视频账号设立、网感培养、主题策划、脚本撰写、短视频拍摄与剪辑、直播间学习等大量内容的学习、消化和吸收。

知易行难，前两次的"破圈"，虽然对自身来说，也有诸多挑战，但基本还处于"舞文弄墨"的相对"舒适圈"，面对镜头的"抛头露面"，显然是更大的挑战。正如一首诗所讲，"既然选择了远方，便只顾风雨兼程"，我依然记得第一次录视频，前前后后录了 50 多遍。尽管如此，我还将挑战直播，积极面对一个个新的挑战。

一切过往，皆为序章

到这里，鹏哥过去十多年的故事就基本暂告一段落了。一路走来，看似在不断折腾，但对战略咨询赛道的选择从未改变，初心未变，底色未变，主线未变，一直在持续探索，一直在积累，一直在积聚势能，力求真正靠知识的价值，按照自己的节奏做喜欢和擅长的事，用战略思维帮助不同地方和个人解决发展中的问题。

你想有多成功，取决于你突破过多少个自己的"第一次"。我从第一次汇报项目，内心慌张、四肢发颤，到后来第一次负责项目、第一次创业、第一次写公众号文、第一次写出爆款文，再到近期第一次录视频号……**每一个"第一次"，都在勇于战胜内心的恐惧，都在勇于探索一个新世界。突破每一个"第一次"，与其说是成功，更想说是成长。一切过往，皆为序章，未来日子，继续精进。愿你我都能早日成为更好的自己！**

PART 1

谋全局方可谋一域

不谋万世者，不足谋一时；不谋全局者，不足谋一域

追本溯源，洞悉战略之道

战略，顾名思义，意为指挥战争的谋略，广泛应用于国家、区域、城市、行业、企业及个人等各层级、各领域。简言之，战略即事关全局及长远的系统谋划。不谋万世者，不足谋一时；不谋全局者，不足谋一域。战略之重要性，不言而喻。

关于战略的理论与著述非常多，同样是聚焦战略，不同领域对其称谓截然不同，如战略、底层逻辑、定位、顶层设计、干法、借势、冲突、超级符号、成事心法等。虽然这些称谓的切入点和视角不同，方法论和分析工具千差万别，但殊途同归，有规可循。战略即洞察，讲究透过现象看本质，形成"战略之道"。

所谓战略之道，必定是隐藏在战略背后的恒常不变之理。老子《道德经》中讲，"道可道，非常道；名可名，非常名。无名，天地之始，有名，万物之母"。同时，"道生一，一生二，二生三，三生万物"。简单来讲，就是悟透"0""1""2""3"这四个数字，我将之归结为"4 大战略心法"（见图 1-1）。

图 1-1　4 大战略心法

一、战略4大心法之"0"——四大皆空

若要掌握战略之道，核心便是深刻领悟数字"0"。"0"是所有数字中最神奇的存在。东西方哲学的缘起，皆来自对"0"的思辨。无论是上古神话中的劈开混沌、开天辟地，还是道家的"大道无形""无为无不为"，佛家的"菩提本无树，明镜亦非台。本来无一物，何处惹尘埃"。个中奥妙就在于对"无"的参悟境界。所以，做战略同样如此，核心在于深刻领悟"0"或者"无"。

1. 空杯心态

树立"归零思维"：打破固有成见、惯性思维的束缚，不要带成见，不带立场，学会复盘，进行审视与思考。秉承"空杯心态"：不骄不傲、不急不躁，抛却私心杂念，懂得示弱，虚心向一切可学习者学习，向人、向事、向社会、向历史、向大自然学习。牢记"回归初心"：不忘初心，方得始终，时刻记得回望来时路，不偏离轨道、不偏离方向。

2. 无我利他

学会"无我利他"，善于成人达己：正如老子所讲，"以其无私，故能成其私"。不仅个人，企业、城市和国家也是如此，秉承"利他"，都会畅通。学会"换位思考"和"多角度审视"：更加全面、系统、客观地进行深层次洞察，也会进而养成发散式思维、同理心、共情力。

3. 事无绝对

学会"辩证思维"：不偏激、不极端、不片面、不盲信，学会用辩证思维、全局思维、动态思维来审视事情。学会"独立思维"和"批判性思维"：不唯书、不唯上、不破不立，有"怀疑精神"和"独立意识"，不被表象迷惑、不循规蹈矩，善于颠覆性创新、发散及逆向思考。善于"因时因地因人"制宜：不机械、不搞"一刀切"，学会随机应变、见机行事。

4. 心无旁骛

学会"断舍离"：战略定位的要义在于，学会专注，坚持"极简主义"，善做减法和除法、不纠结、不犹豫、不焦虑、不迷茫，集万钧之力于一点，实现"一根针捅破天"。学会保持战略定力：不在乎一城一池得失、一时得失，不贪大求全、不贪大求快，坚持长期主义。不攀比、不外慕、不动摇：不受外界干扰、不听别人说三道四，坚持走自己的道路。

二、战略4大心法之"1"——万法归宗

由0到1，代表着质变，洞悉内在机理至关重要。第一次直立行走、第一次使用工具、第一次使用"火"、第一次使用电灯、第一次登陆月球……世间万物的发展都离不开"1"，洞悉战略本质，自然更是离不开"1"，如"第一性原理""知行合一""唯一性、权威性、排他性""冠军效应"等。

1. 洞察：第一视角审视

时刻树立整体观、全局观、系统观，善用"上帝视角"，从宏观、整体、全局、全过程、长远审视，跳出问题看问题、跳出地方看地方、跳出局部看全局、跳出历史看历史，不被具体事务、某一局部、某一群体、某一环节束缚。

2. 成事：第一性原理

任何事、任何时刻，不被表象迷惑、不被细枝末节所困扰，找到背后的"万变不离其宗"的"宗"、"以不变应万变"的"不变"，从而实现化繁为简、直达本质。

3. 做事：知行合一

真正践行"知行合一"，做到理论联系实际，在事上"磨"、在实战中"炼"；做到"始终如一"，既要做到不忘初心，不迷失，又要做到以终为始，不走弯路，保持战略的笃定感和节奏感。

4. 做人：表里如一

做人的核心是一个"真"字，对己要真实，对人要真诚，对爱要真心，对事要真情，真实才能真心，真心才能真诚，真诚自有万钧之力。

三、战略4大心法之"2"——不二法门

《易经》中讲，"易有太极，是生两仪，两仪生四象，四象生八卦"；《道德经》中讲，"道生一，一生二，二生三，三生万物"。

可以讲，人生无处不"2"，自然无处不"2"，世界无处不"2"，如阴阳、男女、成败、大小、远近、宏微观、供需等，又如二进制、量子纠缠等。"2"蕴藏着对立、对称、对比，意味着"裂变""进化""倍速"。

如果说，"0"和"1"蕴藏着心法，"2"则蕴藏着诸多方法论的底层逻辑，简单来讲，悟透"对立"，就掌握了矛盾律、因果律和辩证法，悟透"对称"，就掌握了复利效应和杠杆律。具体来讲，关键是学会："法""律""理""论"。

1. 辩证法

首先，学会系统思维。战略的本质是系统谋划，绝非"出点子""拍脑袋""灵光一闪"。对任何事物、任何地方、任何问题，都不可孤立、片面、静态，而应该整体审视、全局统筹、全面梳理、深入研究，最后给出系统化解决方案。对企业或个人发展也是如此，善于打造自身体系至关重要，构建独特逻辑闭环，做强自身核心竞争力，筑牢"护城河"。

其次，学会辩证思维。关键是树立逆向思维和发散思维。做人靠"常识"，做事则要靠"反常识"。当思考问题、做战略时遇到瓶颈，不妨试着"反其道而行之"或"横看成岭侧成峰"，或许就会"柳暗花明又一村"。

最后，学会动态眼光。任何时候，看问题都不可"刻舟求剑"，而要用发展眼光来审视，既要"风物长宜放眼量"，又要"以史为鉴"，同时要"正视当下""只争朝夕"。

2. 矛盾论

王志纲老师讲过，战略就是关键历史时刻的重大抉择。战略的核心是学会做选择，多数时候，选择大于努力。做对选择的底层逻辑，就是熟练掌握矛盾论，洞悉主要矛盾，善抓矛盾的主要方面，抓重点、抓关键、懂取舍。

3. 因果律

凡事皆有因果。有因必有果，有果也必有因。学会正视因果：一切看似偶然的背后都有其必然，由此可帮助我们避免被表象或乱象迷惑，能拨开云雾见日月。学会分清因果：因果看似简单，但多数时候，很容易将现象、事因、事果混为一谈，错将现象当问题、错将结果当问题、错将问题当结果、错将假问题当真问题，从而"差之毫厘，谬以千里"。学会善用因果：种善因得善果，反之亦然。想成事，就在"因"上多努力，这也就是所谓的"因上努力，果上随缘"，如此，我们做人、做事、做战略都将受用无穷。

4. 政治经济学原理

结合我国特色，还有一项必修课，就是一定要学懂弄通"政治经济学原理"。凡事须学会算经济账，更要学会算政治账。

四、战略4大心法之"3"——三生万物

由"2"到"3"，就逐步由"道"向"术"的层面过渡，因此，"3"之中，关键是掌握规则、原则、规律等方法论层面的要诀。

1. 哲学三辩

"我是谁？我从哪里来？我到哪里去？"作为哲学经典之问，又是哲学源起之问，更是哲学终极之问。哲学三辩对我们做任何事、任何战略，包括人生，都是一把"金钥匙"。

哲学三辩既是问题，更是方法论，犹如"庖丁解牛"的那把"刀"，看似简单，但实则极考验功力。很多时候，一个好问题比一个好答案重要。

多数人，其实缺乏问题思维，要么想不出问题、要么想不出真问题、要么不会表述问题……不能将看似复杂的问题，用最简洁的语言、最朴素的道理表述出来，说明对该问题尚未真正想透，更妄谈能给出有效解决方案。因此，平时一定要勤问、多问、会问、善问，发现问题、正视问题、深思问题，拆解问题。

2. 3大恒常

纵然经常讲，"世界上唯一不变的就是变"，但其实，还是有些恒常不变的，至少以人类有限的历史来看，是不变的。与战略最为密切相关的有3大恒常：自然法则、人性永恒、历史规律。

自然法则：冬去春来、寒来暑往、草长莺飞、春暖花开、月满则亏、水满则溢、潮起潮落、弱肉强食……总之，自然法则潜藏在自然中，应多亲近大自然，多欣赏大自然，从大自然中感悟自然法则、洞悉自然规律。

人性：简单来讲，俗称的"七情六欲""贪嗔痴"等皆是人性。人性弥漫在市井的烟火气中、隐藏在一次次热点事件中，写在勒庞的《乌合之众》中、鲁迅的篇篇杂文里。任时代变化、历史变迁，人性始终不变。

历史规律：所谓"人法地，地法天，天法道，道法自然"，人孕育于自然之上，历史孕育于人与自然之上，那么，只要自然法则不变、人性不变，历史规律便也恒久不变。因此，才有了古人的"天下大势，分久必合，合久必分"，马克·吐温的"历史不会重演，但总会有惊人的相似"。所以，想做好战略，就需要尽早强化认识，深刻洞悉人性、自然法则与历史规律。

3. 人生三问

马克思讲，人是社会关系的总和。每个人终其一生，归根到底，就是要处理好三层关系：人与自己、人与他人、人与社会。三层之中，最为底层、最为重要，但又最容易被忽略的，恰恰是人与自己。正因为没有处理好第一层的关系，进而导致层层羁绊。解决之道，还在于追本溯源，真正处理好人与自己的关系。

对己的核心是做到一个"真"字，全面客观地认清自己，找到心中所热爱的、认清自身的长板，坦然接受短板甚至缺陷。知易行难，绝大多数人要么认不清自己，要么不敢做出行动，要么行动有始无终，能知行合一、说到做到的，凤毛麟角。但这又恰恰是由平凡走向优秀、由优秀走向卓越的关键。对于人与他人，只要能做到对自己足够真实，就能做到表里如一，进而就能做到对人真诚，秉持坦诚利他之心；坚持人与人之间，只做筛选，不做培养，选择有认知、有行动、重承诺、懂感恩者同行；坚持向上社交，向下兼容，坦诚利他，成人达己。

至于人与社会，正如罗曼·罗兰所讲，"世界上只有一种真正的英雄主义，那就是认清生活的真相后仍然爱它"。简单来说，就是不被社会规则束缚，而是要善用社会规则，秉持正念，找对方向，选准赛道，用对方法。

4. 定位三论

定位的真正要义，概括来说，就是无论城市、企业或个人，想成功就要做喜欢、擅长、刚需的事，坚持唯一性、权威性、排他性原则，做到极致专注。

如城市战略定位，城市要在区域格局中占据一定位置，就需要有一个准确而形象的城市定位，并为此制定可行的发展战略。从国内外知名城市的定位来看，均体现了自身核心特色，具有较强的识别性和美誉度。

成功的战略定位必须突出城市的特色，找准自身的比较优势和与众不同的独特资源，从而体现优势、孕育竞争力（见图1-2）。

"取势"，顾名思义是要洞察大势。"势"，看似无形，实则方向明晰，顺势而为则事半功倍，逆势而动则事倍功半。

战略定位要先从"时间 + 空间"的维度分析国际、国内、区域的战略机遇和发展趋势，对周边区域的地理位置、产业格局、文化传统、人口演变等进行全方位、多视角的分析，洞察发展大势，研判并把握发展机遇；分析研判一个地区的整体发展态势，进而作出有关该地区未来整体发展的具有决定全局意义的宏观谋划。

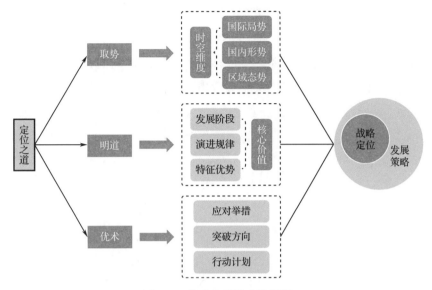

图1-2 战略定位技术路线图

"明道"，则是要立足发展阶段，把握发展规律，找准核心价值，厚植发展优势。科学研判地区所处发展阶段，分析现有优势资源，把握未来发展动态，按照高识别性和高传播性的原则，寻找独具唯一性、权威性、排他性、特色化的核心价值，也就是提炼出核心的长板，把关键的东西找出来，进而选择核心发展动力，明确战略定位，确定总体发展战略、发展方向和战略目标。

"优术"，则是着重强调，战略定位并不是空中楼阁，更像是引领一个地区未来发展的灯塔。要围绕战略定位和目标愿景，以问题为导向，找准痛点。痛点有多大，潜力就有多大，通过发现问题，找准问题，把脉问题，解决问题，将存在的核心问题挖掘出来并解决掉，要找到落实战略定位的切入点和落脚点，也就是找到一个地区未来的战略方向、重点突破领域和具体行动计划。

5. 三分灰度论

我非常认同任正非先生的"灰度哲学"，核心要义在于学会"一分为三"，不可非黑即白、非此即彼。极端状态并非常态，真实世界的绝大多数情况都是介于两端中的灰度地带和状态，这才是常态。具体来说，就是凡事不走极端，要懂得主动示弱，寻找"最大公约数"；思考问题不偏激、不机械，而是灵活弹性、动态辩证，善于在两端之间的"中间地带"中寻找最大战略机遇和空间，从而实现更大的战略谋划；制定战略既要保留弹性，又要兼顾多方利益，善用平台，整合多方资源，实现目标最大化。

10大视角，打开战略格局

做战略，第一要义就是先将格局打开，格局打开的关键是先将思维打开。

回顾多年城市战略和规划实践，学习了各家战略学说，我总结了"10大战略思维"。

一、上帝视角，统揽全局

回看历史，古今中外，大凡经过时间检验的经典理论，多数与大时空相关，如马克思理论、毛泽东思想、达尔文进化论、康波周期、大陆漂移说等，皆是如此。

制定战略，核心是具备"上帝视角"、树立大时空观。一定要打破"就问题谈问题""就一地谈一地"的思维局限，摆脱既有事实、信息、思维、环境及相关利益的束缚。**只有树立宇宙思维，一方面以"上帝视角"来宏观审视，另一方面以大时空观来动态审视，才能真正看清历史大势、整体形势，预判未来发展趋势，才能使战略思路和格局打开，才能使战略成果真正做到既"思接千载、神驰八极"，又"高屋建瓴、触手可及"。**

二、换位决策，纲举目张

你想要成为什么样的人，先要让自己像什么样的人，先进入角色，日积月累，自然就会融入角色。华与华创始人华杉老师曾经讲过一个故事，一次，与他合作多年的客户对他说："你们现在给我做的咨询，只是我企业管理众多环节中的一小段，要想做大，得都懂，尤其得懂经营。"

不同于一般的管理咨询或规划设计，战略的最大特点就是为地方主政者或企业创始人的决策服务，所以，**一定要进入决策者角色，以决策者视角，"在其位谋其政"式思考，学会抓整体、抓重点、抓长远、抓结果，学会分清主次、学会抓大放小、学会轻重缓急。**

三、善用系统，降维打击

一切看似偶然的背后都有其必然，凡事皆有因果，世间万事万物皆有关联。我在读书阶段学习过系统动力学，给我印象最深刻的便是：**分析研究任何问题，最关键的是能将问题拆解为一系列"可量化"指标，以此为主线逐级分析，直到抓住问题根本。**

道理相通。研究一座城市、一家企业、一个项目或个人，关键是找到形成、维持、制约和推动系统变化的各类因素，进而梳理出核心因素、内在机理，构建系统内部及系统与外部之间的整体动力机制，最后给出系统化解决方案。**既要治标更要治本，兼顾整体与局部、长远与当下、战略与战术、规划与行动落实，如此方是一部好战略。好战略的最高境界，一定是基于自身系统特色而量身定制的，跟随者、对手想学学不来、想偷偷不走。**

四、遵循逻辑，事半功倍

逻辑推理对做好战略同样至关重要，运用得当，经常能起到事半功倍之效。

首先，应具有非常强的结构性思维、框架性思维。能够将看似错综复杂、思绪混乱的问题或工作，按照总分、主次、先后、类别或因果等内在逻辑，梳理出主线突出、条理清晰、结构明确的一套逻辑框架，从而保证战略工作快速高效开展。

其次，应具有非常强的归纳概括总结能力。能够将层出不穷的碎片信息、五花八门的问题、千头万绪的思路及众说纷纭的观点，通过快速分析梳理，提炼出更具深度、高度、广度的系统观点，从而找到项目破题点、引爆点。

最后，应具有非常强的演绎推演能力。能够从现有观点或结论出发，进一步延伸思考、举一反三，从而推演出更多应用场景或引领团队进行广度的思考及创新。

五、天马行空，发散创新

与逻辑思维和系统思维相比，发散思维属于典型的感性和文科思维，同样属于一项非常重要的战略思维素养。**很多时候，逻辑思维、系统思维等理性思维能够解决"必然性""可确定性"问题，但多数时候对于"偶然性""不确定性"的问题则会显得束手无策，这时候恰恰就是感性思维发挥巨大威力之时，其中发散思维居功甚伟。**

在马车时代，做再多再严密的市场调研，得到的结论也只能是"一辆更快的马车"。很多颠覆性创新来自不受严谨客观理性约束的"异想天开"。做战略同样如此，市场竞争千变万化、区域博弈日益激化，各类境况层出不穷，仅靠严密的逻辑推理、深入的系统思考，或许难以解决，这时候就需要打破既有传统认知，发挥"灵光一闪"的超常规战略。

为此，日常需要多向艺术家、文学家学习，多涉猎文科、艺术及相关行业、学科领域，每天都尽可能地做一些新尝试，接触一些新信息，走一些新路径，将思路和思维充分打开。

六、投资价值，复利叠加

越想成大事，越是要追求长期价值主义，坚持终局思维，时刻以终为始，善用投资思维，注重复利效应。

首先，秉持正确价值观。 一定要有诚意正念、坦诚利他之心，善于利用战略为地方、为他人、为社会赋能，做真正创造价值的事。

其次，坚持长期主义。 战略注重全局、在乎长远，不在乎一城一池一时得失，既要耐得住"沉寂""非议"，又不可急功近利，不可为暂时和眼前的蝇头小利所诱惑、迷失，应保持战略定力，典型如曾国藩的"结硬寨打呆仗"。

再次，善用复利效应。 无论城市、企业或个人，一旦确定战略定位，就一定多做有助于价值积累之事，学会专注和聚焦，学会"断舍离"，凡不可持续的皆不可为，凡不利于长期价值积累的皆不可为。

最后，学会投资思维。 摆脱"量入为出""消费思维""价格思维"等典型的惯性思维，树立"量出为入""投资思维""价值思维"，学会以终为始。要善于发现价值，创造价值。

七、不懂复盘，难修正果

古人常讲，"每日三省吾身""前事不忘后事之师"。今人也曾讲，"一个不懂得反思的民族是没有希望的""哪里跌倒哪里爬起"。由此可见，总结与反思其重要性。

做战略同样如此，一定要学会复盘。不懂得复盘、不善于复盘，不可

能做出好战略。关于复盘的方法或模型有很多，比较典型的就是 PDCA 法则，这里不一一赘述。关键要诀在于，做好过程回顾、失误反思、改进调整。通过反复刻意练习，养成凡事复盘的习惯，必将受用终生。

八、善借平台，巧于借势

任何地方、任何企业、任何人的发展条件，都不可能尽善尽美，同时具备天时、地利、人和的情形，少之又少，甚至说不存在，"万事俱备，只欠东风"才是常态，"屋漏偏遇连夜雨"更是屡见不鲜。因此，如何将一手烂牌打好，才是真正的战略高手。

学会树立平台思维，至关重要。有平台时，要善于借势。借助平台，吸引更多资源，从而达到积聚势能，保证战略目标实现。无平台时，要善于造势。搭建平台，打造一系列战略平台、政策平台、项目平台、运营平台等，整合更多资源，不求所有但求所用，同样达到聚势目的，最终实现战略目标。一句话，有条件要上，没条件创造条件也要上。同时，也要学会杠杆思维，找准战略支点，撬动更多资源，实现倍数放大，进而实现自身目标最大化，真正起到"四两拨千斤"的价值。最典型的莫过于，抗战时期，我党建立的抗日民族统一战线。

总之，一旦具备平台思维，凡眼所见、凡目所及，皆为资源、皆为条件、皆可为我所用，随时皆可借势、造势，顺势而为，乘势而上。

九、欲成事，反常识

在中国古代战场上有一项必杀技——回马枪。同时，在《三十六计》中有"声东击西、调虎离山、围魏救赵、空城计、欲擒故纵"等诸多计谋，都是对逆向思维的最好诠释。简单来讲，**逆向思维就是古语讲的"反其道而行之"。正如战略之道所讲，有阴必有阳。**

根据矛盾对立统一规律，以及中国传统的"阴阳相克相生"之道，很多时候，当一个问题看似已"山穷水尽"，但换个思路，尤其是"倒转乾坤"之时，反倒"柳暗花明"。如果用好，能起到意想不到的效果，甚至很多时候，具有决定战局之威力。

人容易犯两种错误，一种是常识性错误，另一种是惯性思维错误。大机遇、大蓝海往往在少有人走的路上、少有人涉足的领域，因此，**越是高手，越懂得反其道而行之。所以，做人靠常识，做事靠反常识，尤其成大事，更要靠反常识！**

逆向思维要求，做事不循规蹈矩、不按部就班、不唯书、不唯上，具备独立意识、批判意识。当然，惯性思维是人作为生物的一种先天属性，很难改变，需要千百次的反复刻意练习，直至内化为潜意识中的肌肉记忆，方能克服。

十、无爆品，难立足

战略说难很难，但说简单其实也很简单，其**核心就是深刻领悟"战略定位"和"长板理论"，而能将两者完美融为一体的便是"爆品思维"。**

在战略之道中专门讲过"定位三论"，**概括来说，就是要做最喜欢、最擅长、最刚需的事，坚持唯一性、权威性、排他性原则。**"长板理论"不同于管理学上强调补齐短板的"木桶理论"，而是强调聚焦长板，将长板做到极致，真正践行"一根针捅破天"。

这样的例子遍地皆是。比如，国家层面，中国的"中国制造"，美国的"好莱坞大片"，法国的"时尚"，意大利的"艺术"等；企业层面，谷歌的"搜索"、苹果的"智能手机"、高通的"芯片"、华为的"5G"、京东的"电商物流"、腾讯的"社交"等；个人层面，老子的《道德经》、孔子的《论语》、司马迁的《史记》、莎士比亚的《哈姆雷特》、爱因斯坦的"相对论"等，就连金庸武侠中，各大门派、各路高手，想要行走江湖、扬名立万，也必定要练就各类"必杀技"。

因此，无论是制定战略，还是行走职场或闯荡市场，想成功破圈，一定要有自己的代表作品或核心优势，一定要尽早树立爆品思维，打造出专属"爆品"。具体到战略操作层面，便是练就核心技能、钻研核心技术、挖掘项目引爆点、开发爆款产品、打造成功案例或代表性作品等。

8大实战方法，
决胜千里之外

"君子性非异也，善假于物也"。做战略同样如此，要有一套方法论体系。我结合过往十多年的上百个项目的实战经验，总结出8大战略方法，形成模型。

一、洞察力

战略即洞察，洞察力是反映一个人战略水平高低的一项核心能力。概括来说，洞察力主要由两项能力构成，即"**洞察力 = 多视角审视力 + 深度思考力**"。

多视角审视力可通过"摄影师视角法"锻炼提升，深度思考力则推荐麦肯锡"空雨伞"工作法和丰田"五问法"（见图1-3）。

图1-3 洞察力的构成

1. 摄影师视角法

马云讲过，视角决定高下、视角决定成败。想成为一名优秀的战略咨询师，一定要多向摄影师学习：时而自上而下鸟瞰，时而自下而上仰视，时而正面直视，时而侧面审视，时而摄广角全景，时而拍局部特写，从而逐步由看山是山，到看山不是山，再到看山还是山！

2. 深度思考力

现代人一个共性是，"宁愿吃体力劳碌的苦，不愿吃深入思考的苦"，要么淹没在没日没夜的枯燥乏味的重复劳动之中，要么沉迷于海量碎片化信息，可能越来越焦虑、浮躁。如果进行一些深度思考，绝大多数问题会迎刃而解。做战略，一定要具备深度思考力，以下介绍两个经典方法。

（1）麦肯锡"空雨伞"工作法。麦肯锡"空雨伞"工作法就是"三步提问法"。普通人看到天上有云彩，脑海中想到的就是"天上有很多云""云彩多或少""云彩真漂亮"等；气候爱好者看到"天上云很多"时，会比普通人多想一步，就是"有可能要下雨"；还有的人则会"看一步想三步"，看到"天上有云"的现象，进而得出"要下雨"的研判，再实施"带上雨伞"的行动。

（2）丰田"五问法"。丰田"五问法"就是"五步提问法"。这个方法来自丰田公司的前副社长大野耐一，他总喜欢到公司一线去观察工人的工作情况和车间的情况。他发现有一个机器总是没有理由地停转，也修理过了很多次，但依然问题频出。于是，他便找来负责这台机器的工人。经过连续问了五个"为什么"，终于找到了问题的根源，帮助工人彻底解决了问题，成了经典的"丰田五问"。

无论是麦肯锡"空雨伞"工作法，还是丰田"五问法"，其核心都是时刻围绕问题，层层抽丝剥茧。思考力或洞察力的本质就是对问题的把握能力，因此也可以说，很多时候，一个好问题远比一个好答案重要。

要善于发现问题，正视问题，审视问题，深思问题，拆解问题，一切答案皆在问题里。不能将看似复杂的问题用简洁的语言、朴素的道理表述出来，说明对该问题尚未真正想透，更不要说给出有效解决方案。

二、逻辑思维能力

任何城市、企业、居民，都是由一个个系统构成的。同样，一个问题或一个观点，也是由不同的因素或不同的论点构成的。所以，做战略不等于"拍脑袋""卖点子"，离不开系统严密的逻辑推理。想做好战略，要具备较强的逻辑思维能力。

麦肯锡第一位女咨询师芭芭拉·明托所写的《金字塔原理》，可以说是提升逻辑思维能力的一部"圣经"。概括来说：**逻辑思维能力 = 金字塔原理 +MECE 法则 +SCQA 法则（见图 1–4）**。

图 1–4　逻辑思维能力构成

1. 金字塔原理

任何事情都可以归纳出一个中心论点，而此中心论点可由三个至七个论据支持，这些一级论据本身也可以是个论点，由二级的三个至七个论据支持，然后逐级延伸，形状犹如"金字塔"。

做战略时，对任何问题都可以找准一个切入点，然后拆解为几大核心因素，进而逐层拆解和分析研究，直至追本溯源。

2. MECE 法则

MECE（Mutually Exclusive Collectively Exhaustive）法则，意为"相互独立，完全穷尽"。"相互独立"意味着问题的细分在同一维度上并有明确区分、不可重叠，"完全穷尽"则意味着全面、周密。

MECE 法则要求思维的严谨性，也就是 "横向到边、纵向到底"。日常加以训练，必将对提高我们的逻辑思维能力大有裨益。

3. SCQA法则

SCQA 法则，即 Situation（情景）、Conflict（冲突）、Question（疑问）、Answer（解答）。它既是一种经典的叙事逻辑，又是一种结构化表达法，被广泛运用在广告、文案、小说创造等场景中。

同样，SCQA 法则非常适用于战略场景。通过不同场景推演，继而给出不同的解决预案，更能凸显战略实战价值。

三、策划创新力

战略不等于策划，但谁也无法否认，策划与"灵光一闪"在战略咨询中的不可替代性，尤其是大型策划，更是一个人或一个团队战略实力水平的集中体现，因此，提高策划创新力至关重要。

不可否认，策划创新力需要一定的天赋，但只要方法得当，通过系列训练和积累，也能达到相当的水准，具体为：**策划创新力 = 厚积薄发 + 灵感笔记法 + 白板或 A4 纸法 + 头脑风暴法**（见图 1-5）。

图1-5　策划创新力的构成

1. 厚积薄发

作为城市规划师，平时一定要多学习、多阅读、多请教、多思考、多拆解案例、多实地考察，通过大量积累，厚积薄发。

2. 灵感笔记法

俗话说，好记性不如烂笔头。好灵感，更是稍纵即逝。所以，城市规划师一定要养成随时随地记录灵感的习惯，我把它称为"灵感笔记法"。具体来说，就是将每日所见所闻、所思所想及碎片化灵感，通过手边工具，随时随地记录。

3. 白板或A4纸法

多数时候，灵感不是来自循规蹈矩，而是天马行空的。所以，当思路进入瓶颈，面临"江郎才尽"时，不妨多向儿童学习，试试"胡思乱想""乱涂乱画"。建议在办公室常备白板，而且越大越好，当你思考问题、策划创意时，站在白板前，想到什么随手写出，不必在乎美观或逻辑，随手写、随手画、随手擦、随手连，完全随心，写完可远观、可侧视、可来回踱步，进行再度构思。如果没有白板，用白纸也可，方法类似。长此以往，你的创意策划能力一定会大大提升。

4. 头脑风暴法

所谓"三个臭皮匠赛过诸葛亮"，做战略策划，一定要善于借助团队的力量，不可闭门造车，建议多用头脑风暴法。但要注意的是，头脑风暴法大有讲究，很多人其实不大会用，导致事倍功半。能否用好头脑风暴法，关键要注意几点：提前明确主题，凡参会者须有备而来，选好主持人，把握好节奏但不带节奏，圆桌会议、不分高下，不设条框、畅所欲言，观点无对错、辩论而不争论。

四、发展解构力

"发展才是硬道理"，不仅适用于国家，对区域、城市、企业和个人同样如此。本质上说，战略的最终目的就是实现更好更快的发展，不能实现发展的战略，一定不是一个好战略。

通过多年实战及拆解诸多案例，我提炼出一个快速提升发展解构力的模型：**发展解构力 = 决策者视角 + 两大理论 + 三因法则 + 四分法 + 五势论**（见图1-6）。

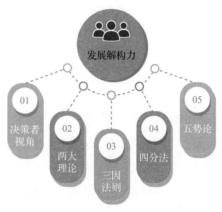

图1-6　发展解构力构成

1. 决策者视角

不同于一般的规划和咨询，做战略，核心是为全局服务，更是为决策者服务，因此，应时刻站在决策者的视角和立场去思考与审视，并将决策者思维作为核心和逻辑主线，贯穿战略始终。

2. 两大理论

首先是发展阶段论。它的理论基础为唯物辩证法，即任何事物皆是在矛盾中动态变化的，并由质变到量变。该理论应用极为广泛，无论是自然科学领域的宇宙大爆炸理论、生物进化论、细胞生命周期等，还是人文社科领域的人类历史阶段划分、诺瑟姆曲线、旅游地生命周期、企业生命周期等，几乎可以运用到我们所接触的各个领域。

发展阶段论的核心：时刻保持动态眼光，树立大时空观，善于将事物或研究对象置于时空坐标轴之中进行审视，既看到过去，梳理清楚发展脉络和规律，又能看清当下，明晰时空坐标和核心特征与诉求，更能洞悉未来，预判发展趋势，提前进行谋划，做到未雨绸缪。

简单来说，当我们做战略时，只要能全面清晰地做出其发展阶段图和发展阶段特征表，就基本成功了一半。所以，一定要认真学习和总结好发展阶段论。

其次是沙漏模型。战略主要解决两种场景：一种是城市发展，另一种是企业发展。城市的发展核心是解决"人产城"这三项核心要素，企业的发展核心是解决"人货场"，本质实则相通。这也再次印证，"所有的事都是一件事"。

中国城镇化发展的精髓有两条主线：一条是围绕空间层面的"人—土地—产业"三项基本要素，另一条是围绕制度层面的"户籍—土地—经济（计划与市场）"，不同时期的经济社会特征就是围绕两条主线的不同要素在城和乡之间的数列组合，也就类似于计时的"沙漏"，人、土地、产业的实体要素逐步由乡向城流动，随着时间推移，要素流通越来越流畅。

3. 三因法则

《荀子·王霸》道："上不失天时，下不失地利，中得人和，而百事不废。"此为"三因法则"——因时制宜、因地制宜、因人制宜。

首先是因时制宜。所谓"识时务者为俊杰"，想成事，就要看清时代发展趋势，比较典型的有"只有时代的马云，没有马云的时代"。显赫一时的柯达胶卷、诺基亚手机等，哪怕知名度再高、规模再大，如果不能洞察时代之变，也可能被时代淘汰，淹没于历史洪流之中。

其次是因地制宜。任何地方的发展都不必跟风、盲从，而是应该结合自身区位条件、资源禀赋、发展阶段，找到独特的优势和特色，如此才能在激烈的区域和市场竞争中占据一席之地，否则，极易陷入同质化竞争，更易被后来者替代。

最后是因人制宜。所谓"天时不如地利，地利不如人和"，影响各地发展的核心因素，归根到底是人。如何充分利用人的优势、激发人的潜力，是各地方及企业发展的终极命题。尤其是在人口问题日益严峻的当下及未来，显得更为迫切。

4. 四分法

四分法具体指分层、分类、分级、分步。

所谓"天下大势，分久必合，合久必分"，分与合既是一项心法，更是一套方法论。

做战略、做规划、做咨询，切忌"一刀切""胡子眉毛一把抓"，而应学会实事求是、具体问题具体分析，善于按不同维度、不同类型、不同特征、不同时序，将数量庞杂、种类繁多、内容繁重、任务紧迫的事项，通过分层、分类、分级、分步的方法，逐个击破，有条不紊地解决。

近年来，四分法在国家层面的城镇化发展、县域经济、乡村振兴等领域都得到了广泛应用，以及国土空间规划中所提的"五级三类"，包括各类垂直细分赛道、不同层级产品价位、不同类型客群划分等，不胜枚举。

5. 五势论

五势论即大势、趋势、顺势、借势、造势。

任何地方或企业的发展，一定要先把握宏观大势、区域态势和自身发展趋势，从而在宏观大势中寻找航向和坐标，捕捉重大时代风口，洞悉潜在风险与挑战；在区域态势中找寻发展机遇，认清潜在对手，有效整合资源；在自身发展趋势中，找准核心优势，看清自身明显短板与缺陷，从而扬长避短。只有充分把握好大势和趋势之后，方可在制定战略之时，借助风口顺势而为，依托机遇借势而起，当条件与机遇稍有欠缺时，不自怨自艾，而是善于造势，懂得整合资源，精于合纵连横，最终实现更好、更快、更高质量的发展。

需要强调一点，对众多中小城市和个人来说，想造势很难，也不现实，且不可持续，关键在于学会借势。借势先要审势，进而顺势而为，便可"四两拨千斤"，但要切记，借势不等于投机，否则极易误入歧途，悔之晚矣。

五、知识架构力

数字经济时代的数据和信息越来越多，获取越来越方便，但更关键的是日益碎片化。然而，碎片化的知识使人看似掌握了很多数据、信息和知识，但真到用时，反倒迷失于海量数据之中。因此，掌控数据、掌握知识架构力变得刻不容缓。

认知体系化，是有意识地"理"出来的。当碎片化知识遇到体系化认知，犹如散兵游勇遇到正规军，必遭碾压式降维打击。**知识架构力 = 专业拆解力 + "数据库"建构力 + "知识树"生命力**（见图1-7）。

图1-7　知识架构力的构成

1. 专业拆解力

任何技能都禁不起无限拆解。再难的技能，经过无限拆解和一万次刻意练习，想不成功都难。反复练习，不是简单的重复练习，而是先拆解，然后系统地刻意练习。比如，运动员、习武之人等专业人士，之所以专业，在于将复杂的动作层层拆解为一个个具体的动作、招式，再通过数十年如一日，做一万次甚至数万次的刻意练习，直到成为肌肉记忆。

所以，想做好战略，那就认真学好拆解——拆解战略、拆解问题、拆解城市，层层拆解为系列可以"量化"的指标和维度，然后抽丝剥茧，直到找到真问题及根本解决之道。

2. "数据库"建构力

"库",是一个美妙的字,代表着资源与财富,如府库、金库、水库、仓库、粮库、智库等。要善于树立"库"思维,建立自己的素材库、数据库、工具库、案例库和方法库,从而使数据和信息真正为己所用。

3. "知识树"生命力

通过专业拆解力,构建起战略体系或具体领域专业体系的"四梁八柱",再通过"数据库"的不断完善,将"枝叶"逐渐丰盈,从而形成"树大根深""枝繁叶茂"的知识树或认知体系。拆解越彻底、练习越纯熟,数据库越发达,根基越稳。所以,无论是做战略,还是从事任何行业,一定要结合自身定位及行业赛道,有意识地建构自己的知识树,进而成长为认知体系。

六、高效学习力

战略的独特魅力在于,一旦掌握战略之道与方法论,便能一通百通。如同计算机或手机的操作系统,能兼容不同类型的软硬件。因此,想做好战略,就要尽快掌握高效学习力。**高效学习力 = 二八法则 + 六合一法 +PDCA 法则**(见图 1–8)。

图 1–8　高效学习力的构成

1. 二八法则

二八法则的核心是,凡事的关键在于 20%,用 80% 时间和精力,将这 20% 做好、做到极致,便能起到事半功倍的效果。在不同的行业与领域，只要用对方法，都可以用 20% 的时间和精力，产生 80% 的了解，而这 80% 已经足够做战略之用了。做战略不要求成为行业专家，而是强调兼容并蓄、资源整合与触类旁通。因此，一定不要陷入"完美主义"陷阱，应用二八法则即可。

2. 六合一法

快速学习任何一个新行业，都可以采用六合一法，即精读 1 本工具书、泛读 10 本经典、掌握 100 个概念、由 1 个专业人士指路、画出 1 个思维导图、运用 1 个费曼学习法。

具体来说，学习一个陌生领域或行业，其一，可以在豆瓣、知乎或专业网站请教专业人士，找到该领域的 1 本经典工具书或权威书籍，进行精读，快速对该领域产生全景式认识；其二，对该领域 10 本公认的经典书籍进行泛读，掌握其主流思想；其三，在阅读过程中，通过掌握 100 个左右基本概念，强化行业整体认知；其四，根据已掌握知识，画出思维导图，对该领域做全面系统认知；其五，针对疑惑点，请教该领域的专业人士，对已有认知进行优化、深化和迭代；其六，当全面掌握之后，采用费曼学习法，通过输出带动输入，输入再次驱动输出，形成认知闭环，从而高效地把握不同新领域。

3. PDCA法则

PDCA 法则是 Plan（计划）、Do（执行）、Check（检查）、Act（处理）四个单词的简称，又称"戴明环"，是一项被广泛应用的复盘利器。使用 PDCA 法则的要诀在于，做好过程回顾、梳理经验与收获、对失误进行反思、调整及改进措施。通过反复的刻意练习，养成凡事复盘的习惯。

七、沟通表达力

"得到"的创始人罗振宇曾讲，在未来社会，最重要的资产是影响力，而构成影响力的是两项核心能力：写作与演讲。就实际工作领域来看也是如此。以规划行业为例，未来室内工作的分量可能不足 40%，将近 60%的工作会在室外开展，如汇报沟通规划方案、向社会宣传推介、协调各方利益、推动公众参与等，都离不开较强的文字表达和演讲表达的能力。

沟通表达力 = 用户思维 + 文字表达力 + 演讲表达力（见图 1-9）。

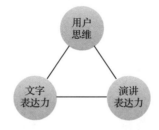

图 1-9　沟通表达力的构成

1. 用户思维

要具备良好的写作能力和演讲能力，需要掌握的方法很多，我认为核心是用户思维。正如在战略之道和战略思维中讲到的"以终为始"，写作也好，演讲也罢，最终目的要么是传递价值，要么是传递情绪，而所有的传递最终都指向"用户"，因此，要站在用户视角和立场来表达，从而有的放矢。

用户思维的核心，就是学会换位思考，拥有同理心和共情力，秉持坦诚利他之心，更要有对象感。表达不能泛泛而谈，尽量避免用诸如"大家""朋友们""我们"等泛称，也不用"你们"，而是尽可能多用"你"。表达越私密，越有穿透力，让读者和听者感到更像是在彼此一对一交谈，营造一种强烈的场景代入感。

2. 文字表达力

文字的精妙在于，寥寥数语，便可开启心智，使人醍醐灌顶。写作是当下这个时代，学习成本最低、应用场景最广泛、复利效应最显著的一项技能。

虽然很多人讲，信息和媒体传播正加速由图文时代向音频、视频、直播甚至元宇宙转型。但我认为，无论传播形式如何改变，内容作为传播内核的底层逻辑永远不变。越是当众人都在盲目追求新媒体风口之时，如果能真正躬身深耕内容生产，从长远看，成功概率反而更大。观察即可得知，真正一路飘红的主播，无一例外源于成功的脚本文案或自身深厚的内容生产功底。

3. 演讲表达力

"三分做，七分讲"，可见演讲之重要性。在生活与工作中，无时无处不演讲，只要你在与人沟通交流，其实都是在进行演讲。想做好战略，同样需要练就较强的演讲表达力。演讲有商务演讲、即兴演讲、主题演讲、自由演讲等，类型多样，方法、规则、书籍、课程也多样，但归根到底，其核心就是"讲"。所以，想拥有好的演讲表达力，就是要多开口，敢于表达，善于表达。抓住一切机会多学，抓住一切场合多练。

八、时间管理力

人与人之间最大的差别就是认知差，其中最大的认知差就是时间的认知差。时间是人与人之间最公平、最稀缺的资源，越懂得珍惜时间，就越懂得高效利用时间。**时间管理力 = 高效人生定位 + 年度目标 + 周复盘 + 日工作清单制**（见图 1–10）。

图 1–10 高效时间管理力的构成

1. 高效人生定位

高效人生定位就是运用战略之道和战略思维，找到自己的人生定位，也就是找到自己最擅长、最热爱，同时又有较好的发展前景的人生赛道，一旦找到就在此赛道上持续耕耘。保持战略定力至关重要，很多时候，不走弯路，就是最快的路。

2. 年度目标

人生定位是长远发展愿景，相对定性，但年度目标一定要注重量化，要更具体、更明确，才更具可实施性。年度目标从整体方向上，一定要与人生目标相吻合，要保持专注，坚持极简主义。从具体目标上，可以按照不同维度和指标逐一明确，如一年读完 50 本书、写 100 篇原创文章、做 100 场直播、拍 200 条短视频、访 10 座城市、谈 20 位行业专家。

3. 周复盘

很多讲目标与关键成果法的书或课程都强调月度目标，但我认为，除了销售，其他领域无须做月度复盘。因为，大多数人的生活和工作是按照周和工作日来进行的。所以，与其按月度，实际上，以周为单位，更细化、更具体、更具可操作性。

结合多年实际经历，我建议以周为基本单元，做每周工作计划安排和复盘。以我自身为例，会用每周日的半天甚至一天时间，做本周工作的总结与反思，并做下一周的工作安排。通过复盘，逐步对工作进行优化迭代；通过提前安排，有条不紊地开展工作。

4. 日工作清单制

所谓"千里之行，始于足下"，再高远的志向，再宏大的目标，都需落实到每日具体工作之中。因此，如何用好每天的 24 小时至关重要。结合过往经历，我认为应把握好两点：一是列好时间管理表，二是制定每日工作清单。

时间管理表分两个维度，一个是以周为单位的时间管理总表，一个是具体每天的时间管理表。需结合个人生物钟与工作属性，建议以 1 小时或半小时为基本单元，尽可能细化，又需注意保持一定的弹性，避免引起压迫感和焦虑。需指出的是，时间管理表，并非一成不变，可以不断优化迭代。在日工作清单制方面，提前将每天需要完成各项工作全部列出，并按照轻重缓急排序，进行工作。

1条金线，判定战略高下

"战略定成败，定位定江山"。何谓好战略，如何判定战略的好坏？

著名作家冯唐曾经讲过："文学的标准的确很难量化，但是文学的确有1条金线，1部作品达到了就是达到了，没达到就是没达到，对于门外人，若隐若现，对于明眼人，一清二楚，洞若观火。"对于战略来说，同样如此。但能立刻说清楚的，恐怕不多。

如果一定要界定判定战略高下的"金线"，我认为战略大师迈克尔·波特的"战略三原则"是最好的诠释：**一是独特价值，二是总成本领先，三是竞争对手难以模仿。无论战略也好，定位也罢，背后都是一项系统工程，而非灵光一闪，更非一句简单的口号。**

《孙子兵法·谋攻篇》中讲道："故上兵伐谋，其次伐交，其次伐兵，其下攻城。"谋，有阳谋与阴谋之分，阳谋自然略胜一筹。"智圣"诸葛亮的"空城计"将阳谋发挥到极致。一人、一琴、一城、一门，一弹一笑间，不费一兵一卒，吓退司马懿万千人马。好的战略，本身就是最大的护城河。

例如，中国的高铁、稀土等领域，从单项来看，其实并不占优，但真正的威力在于背后的系统集成。同时，自硅谷成名以来，全球各地纷纷效仿，各类光谷、绿谷、电气谷、金融谷等层出不穷，但至今无能出其右。我们还看到特斯拉，很早就将新能源专利开源；各大企业都在学华为、学稻盛和夫；做咨询的都在学麦肯锡……然而在这些领域，至今还尚未有超越者，并且是被学得越多，其发展反倒越快。

因此，所有的事都是一件事，其底层逻辑相通。**战略的要义是整合有限资源，集中有限兵力，攻其一点，不计其余。定位的精髓是唯一性、权威性、排他性。**

一定要深刻领悟，战略是系统化、集团化作战，不是单兵、游勇突袭，要抢占制高点，更要做唯一，而非仅仅第一。当我们讲战略雷同、定位同质之时，应清醒意识到战略本身无所谓好坏，而在于制定它的人，更在于有没有找到最适合它的那位"真命天子"。

每座城市、每家企业、每个人，都有适合自己的战略和定位，就看其能不能找到，什么时间找到。如果已经找到，就笃定地坚持下去。如果还没找到，不必着急，继续寻找。

不懂战略，必将出局

如何用精准的努力去经营好自己的生活，是大时代下每位个体需要去认真思考的永恒课题。

对于广大的城市规划师来说，我们关注个体的发展。客观来说，城市规划行业工作者早已体会到，快速城市化的进程放缓，房地产"跑马圈地"的火热状态逐步降温。听过太多道理，但脚下的路依然要自己走。白天引领擘画城市的美好未来，晚上却暗自神伤，迷茫明天在哪里，这种状态在今天的城市规划师们身上体现得淋漓尽致，也体现了规划行业整体的挣扎与呻吟。

规划行业的寒冬确实很冷！然而，一则消息引发我的深思。当规划行业降薪裁员、哀鸿遍野时，与此形成鲜明对比的是，咨询行业则凯歌高奏，行业涨幅达 30%，简直是冰火两重天，何故？

如果归结为规划式微、咨询上扬，未免太过草率。两个行业虽然有差异，但本质上存在很大的共性。在某种程度上，恰恰说明，需求一直都在，只是规划行业的有效供给滞后、错位，甚至是缺失。

我的观点是：**规划行业固有的运行逻辑和规则亟待转变，规划师固有的思维和知识体系亟待重构。在转型升级的进程中，这两种思维极为稀缺：面向决策层的战略思维和面向市场端的产品思维。相比而言，战略思维更为重要。**

"对于一艘没有航向的船来说，任何方向的风都是逆风"，战略决定成败，其意义不言而喻。

一提到战略，很多人要么认为过于宏观、遥远、难以落地，要么认为特指专业的战略规划，或者只是规划文本中的一个章节，这其实是对战略的很大误解甚至进入了误区。

当前，城市规划行业强调工具思维，过分应用"术"，恰恰是曾经引以为傲的"术"，使得整个行业举步维艰。一方面是在决策话语体系中的式微，另一方面是行业的"内卷"，还要警惕"门口的野蛮人"随时可能发起的降维打击。

对于城市规划师个体来讲，同样如此。曾经，学好 CAD 和 PS，熟练操作控规图则和城市设计，便意味着"左手一只鸡，右手一只鸭"。未曾想，面对行业变革，技术快速迭代，个体犹如一叶浮萍。但当我们运用战略思维去审视，就会发现世界上唯一不变的是变，一切看似偶然的背后都有其必然，找到这必然，利用必然去应对偶然，就会豁然开朗。面对纷繁复杂的变局，内心笃定，便是战略之道、战略之价值。

战略真正的精髓，不是成果本身，而是背后的战略视角、思维和方法论，犹如武侠世界中的逻辑——有内功和心法加持，各家武学皆可触类旁通，也就是我们经常讲的老子的"道"、王阳明"知行合一"的"知"、万变不离其宗的"宗"。

战略是穿越一切迷雾的"罗盘"，掌握战略，能让你在常规视角之外，多一份独辟蹊径的创新视角，能迅速抓住事物本质和问题要害，并找出根本解决之道。战略之博大精深，一方面令我受益匪浅，另一方面让我深知需持续修行。

六年前，我与几个朋友一起创业做综合业务，承接规划、景观、建筑、市政等各类业务，我负责规划和景观方向的技术把控。创业公司承接了一个重要的水系连通市政工程项目，项目组按照工程思维编制方案，多轮沟通汇报未果，几乎告吹，无奈之下，项目转交于我。在此之前，我从未参与过相关市政项目，并且对该项目的情况并不了解，但为整个团队考虑，只得硬着头皮上。在迅速了解和掌握项目整体情况之后，我马上组织项目组按照战略思维重新调整方案编制思路、内容逻辑框架和成果汇报形式，刚刚完成即被甲方要求前去汇报，经过我一个多小时的汇报，决策者直接拍板敲定，并点名由我三天后直接在市政府领导班子（扩大）会议上汇报，自此，项目顺利推进。

又如，我曾受某地一位农业休闲观光园区开发商的委托，一周内完成园区总体策划，并要向当地市委主要领导汇报。虽然之前在该领域有一定的基础，但实操不多，再加上时间紧张，保质完成的挑战着实不小。同样，得益于战略思维和方法论，我的方案竟然在同一批次十多个项目汇报中被点名表扬，并促使该项目纳入全市示范园区。

面对今天的行业动态，腾讯、华为等互联网巨头纷纷申请甲级测绘资质，如华为发布国土空间规划系统解决方案，以及激烈抢夺的智慧城市、智慧园区、数字园区等蛋糕。我们应该明白，技术迭代和跨界融合不可抵挡，唯有思维和思想的引领才能长久，至少是相对持久的。有了战略加持，再小的个体，再小的项目，再细微的工作，都能找出自身的独特价值，不论是在职场中，还是在市场中，都能占据独特地位。

PART 2

洞悉发展底层逻辑

世界上唯一不变的是变，但万变不离其宗

历史变局：
城市战略时代到来

一、中国城市之问

自两千年前的汉胡之争，千年前的五胡乱华，数百年前的蒙元时期，到百年前的帝国入侵，再到数十年前的日寇侵华，面对任何一次民族危亡，华夏血脉凤凰涅槃、浴火重生。将历史视角拉近，回看近七十年新中国史、四十年改革开放史，中华民族走上复兴之路。

通过梳理历史，我们可知世界局势进入了新时期，蕴藏着新的巨大机遇。相比历史，当前的国际态势、国内形势、国家实力，好于历史上的任何时期。善抓机遇，必将实现质的跨越。

面对危机，最好的应对实际上是先解决内部问题。

任何一个国家的崛起都需要战略，小到数百万人口的小国，如新加坡、以色列；大到上亿人口的超级大国，如美国、俄罗斯等，皆是如此。

回看近代以来的世界大国崛起历程，从葡萄牙、西班牙，到荷兰、法国、英国，再到德国、日本、美国，就是一部部战略制胜史。在每个大国崛起的背后，我们看到的是马汉的"海权论"、克劳塞维茨的"战争论"、麦金德的"陆权论"、布热津斯基的"地缘战略"等。

再看中国，数千年来，战略思想层出不穷，从苏秦、张仪"合纵连横"，到诸葛亮"隆中对三分天下"，再到我党"农村包围城市"，不胜枚举。近几十年的辉煌发展史，更是战略制胜的典范，无论世界风云变幻，我国始终坚持以改革开放和经济建设为中心，韬光养晦，终成今日成就。

在经济全球化的今天，国家间竞争主要表现为城市间竞争，尤其是中心城市间的竞争。而城市间竞争，归根到底是城市战略的竞争。中国已进入城市化时代，城市在国家整体战略中具有举足轻重的地位。

1. 别具一格的城镇化

2017 年，我国城镇化率接近 60%，用近四十年时间走完了西方国家三百年历程。极端的时空压缩，加之辽阔国土、东中西部的巨大差异，使得整体呈现农业文明、工业文明、后工业文明多重叠加，独具中国特色，没有现成的普适性规律能够照搬。

2. 国家空间格局基本形成

长江经济带发展、黄河流域生态保护和高质量发展，京津冀协同发展、粤港澳大湾区建设、长三角一体化发展，长江中游、中原、关中平原、成渝等 8 大国家级城市群，北京、上海、广州、成都、武汉、郑州等 9 大国家中心城市"强省会"时代到来，共同构成国家整体空间格局。

3. 政策趋同趋势明显

以深圳特区、浦东新区、雄安新区为首，上海、海南等自贸区为代表的国家级新区、自主创新示范区、试验区、经济开发区、高新园区等各类政策性空间逐步自东向西、自南向北全面铺开，全面放开、深化改革是主流，各地政策性红利空间逐步缩小。

4. 时空折叠

高铁及通信设施的全面覆盖，使时空距离缩小。同时，各城市间区位比较优势弱化，空间一体化趋势增强。

5. 社会重构

大数据、人工智能、物联网等新技术、新业态、新思想、新阶层、新移民等不断涌现，固有的生产、生活方式发生重大变化，意味着经济产业结构、社会组织架构、空间组织方式等面临新的变革。

二、城市变局

中国自 20 世纪 80 年代就将工作重心转向城市，中国城市发展于 1998 年突飞猛进。1998 年，中国住房制度改革，开启了以土地财政和地产推动为特色的中国城市快速发展二十年黄金期。一座座大城市、特大城市和超大城市崛起，一批批城市群逐步形成，从而奠定了如今的国家整体空间格局。在某种程度上，外向型经济和土地财政成就了改革开放四十年。然而，时过境迁，经过二十多年的迅猛发展，固有的城市发展模式难以为继，面临新的拐点，需要转型。

1. 后工业时代到来，建构于工业思维导向下的城市空间组织和管理模式难以为继

城市循着"农业时代—工业时代—商业时代—服务时代—体验时代"的轨迹演进，随着智能时代、休闲时代、体验时代等后工业时代的到来，整个经济社会面临重构，组织形式也面临新的变化。

2. 存量型、质量型模式时代到来，固有的增量型、数量型发展模式难以为继

部分地方政府通过招商引资，因商确定地方主导产业，从而带动地方发展。随着各地拼政策、拼地价、拼人情的低效竞争白热化，过往的传统发展模式捉襟见肘。同时，当我们习惯了城市规模扩张，也应该看看众多城市收缩的严峻形势。这都要求我们对过往的模式和思维进行反思。

3. 市场化时代到来，计划思维下的城市运营模式难以为继

为适应市场变化，许多城市成立了各种类型的城投公司、融资平台；为适应招商需求，制定了各种政策举措；为适应园区产业发展，成立了各类园区管委会、运营平台，但大多仍基于计划思维、行政主导，从而与市场脱节、资源内耗。

4. 战略时代到来，规划思维下的城市管理模式难以为继

部分城市主要应用"规划—建设—管理"的治理模式，在本质上仍是基于物质建设思维的城市治理方式。在此思维主导下，遍地的城市"四化"（绿化、美化、亮化、净化），形成大广场、大马路、大绿地，造成千城一面、口号雷同。同时，单一部门性、技术性的行业规划，受制于规划期限、行业规定、部门思维，难以适应复杂多变的市场，难以指导未来城市的发展。

5. 人本时代到来，空间思维主导下的城市发展模式难以为继

过往的城市发展过多靠拼 GDP、拼规模、拼产业、拼政策，而忽视了"人"这一核心，尤其是以人才集聚为主导。

6. 扁平化时代到来，投机思维下的城市发展模式难以为继

一是政策扁平化。国家区域和城市政策将更加扁平化、均衡化，希冀单纯靠政策红利获得飞跃难以为继。二是空间扁平化。随着高铁网、高速网、信息网普及，时空距离缩小，传统的交通区位总体向高等级的国际中心城市集聚，但整体空间区位落差淡化。三是技术扁平化。各城市间共享数据、资源，各类瓶颈逐步打破。总体的扁平化也就意味着未来城市间居于同一平台，竞争将更加激烈。

7. 市民化时代到来，传统城市治理模式难以为继

能力型领导赋能城市发展。同一个城市，不同的领导会实现不同的发展路径。如果将城市发展寄希望于个人，无疑是被动的，更是难以持续的。

除以上七个"难以为继"外，还有定位雷同、产业同质、泡沫增长、交通拥堵、房价高涨等一系列问题。总之，中国城市已经进入新的十字路口，需要寻求突破。

三、城市战略时代到来

对于一艘没有航向的船，任何方向的风都是逆风！

通过对国内外形势的分析、城市整体发展态势的研判，昭示着**城市战略时代的到来**。

当我们看到一座座城市衰落之时，也看到了一座座城市的崛起。而几乎每一座城市崛起的背后都有区别于其他城市的独特道路。

当我们羡慕别人良好的区位、丰富的资源，抱怨自己地处偏僻、资源匮乏之时，一些过往的边缘城市却实现了逆袭，典型如贵阳发展大数据、深居沙漠的拉斯维加斯及迪拜的崛起。

当我们热衷于高铁经过、大数据中心、智慧城市建设之时，却忽略了有限的财政。

当我们热衷于讨论明星城市、明星领导，寄希望于政策垂青之时，却忽略了"明星"背后的逻辑。

当我们看到各城市盲目跟风加入抢人大战，却忽视了城市究竟为什么要抢、要抢什么样的人？抢来的人能否留得住？

任何现象背后都在阐释"战略制胜"。城市之间的根本差别在于思维、理念、方式的区别。尤其在我国的政治经济体制下，更需要我们探讨各类城市发展成功的经验和失败的教训，从而总结出真正适合中国城市发展的规律和战略思维体系。

上一轮城市战略时代始于 2000 年，是基于国际形势的不确定性而开启的。如今很多明星城市和新兴城市，正是当时城市战略制定的坚定推动者。比如，2000 年广州城市战略的制定，打破了以往城市空间和战略的局限，实现了由偏安一隅的岭南中心向国家中心的质的飞跃；2003 年成都城市战略的制定，实现了由川蜀中心向"中国第四城"再到世界田园城市的跨越……可以说，在世纪之交的诸多不确定因素的影响下，诸多探索实现了城市出人意料的跨越式发展。

正是这一轮城市战略的推动，极大地助力了乡土中国向城市中国转型。也正是在战略规划的探索下，开启了规划的黄金周期。当下情形与世纪之交时具有极强的相似性，也意味着新一轮城市战略时代的到来。

面对新的历史拐点，我们需要基于新形势、新态势、新技术，跳出固有的思维框架局限，进行一种基于更大时间和空间尺度的全新探索。"规划—建设—管理"的过程思维应升级为"谋划—策划—规划—计划—建设—管理—运营—营销"的全流程、系统化思维。

当今的城市已经过了"建设城市""管理城市"时代，到了"治理城市""运营城市"的新时期。新的城市战略思维需要具备独到的城市经营理念、宏观战略视野、深刻的市场洞察力及具体的策略设计方案。平面化的城市定位已远远不够，需在新的城市战略下，探索出一条人无我有、人有我先、人先我变，以及极富差异化、突破性和可操作性的发展之路。对于同一区域内的不同城市，竞争已经发生变化，更重要的是如何分工与协作。要在城市群中找到自己恰当的位置，调整自己的发展定位，尤其是产业定位。

随着城市战略时代的到来，城市经营不再是简单的口号，也不再是城市形象包装和"四化"工程，而是一项真真切切的城市政府必修课。在市场经济和城市化的大背景下，政府的职能也要跟着转变，从建设城市到管理城市，再到治理城市，最后到经营城市，即在明确的城市定位和城市发展战略的指导下，以可持续发展的眼光确立城市的先导产业，强化支柱产业，积极、有序地推进城市的扩张，打造城市的综合竞争力和核心竞争力，并在此基础上进行城市形象的塑造和推广，最终达成使城市不断增值和可持续发展的目标。

城市发展绕不开的"二八定律"

无论自然世界，还是人类社会，看似纷繁复杂，但背后都有其运行规律。经济学云"一切皆可量化"，城乡规划学中有"诺瑟姆曲线"，作家冯唐讲过"文学确实存在一条金线"。可见，凡事背后皆有一个永恒的常数。

一、绕不开的"二八定律"

有经济学、管理学和社会学基础的人应该都听说过"二八定律"，区域和城市发展中也存在如此常数，只是尚未被发现。

1939 年，马克·杰斐逊（M. Jefferson）提出了"城市首位律"（Law of the Primate City），作为对国家城市规模分布规律的概括，至今已有 80 余年。"城市首位律"自提出以来，就被广泛传播，在中国有个流传更广的名称，叫作"首位度"。随着时间推移，"首位度"的内涵也在变化，目前更多的是指首位城市或中心城市的人口或经济体量占区域总量的比重。

虽被普遍提及，但"首位度"的标准依据究竟是什么，没人说得清。所谓的过大或过小，更多来自主观经验判断；究竟多少才合适，也没人说得清。

纵观世界各国，尤其是发达国家，其经济中心城市首位度基本在 20% 上下，如纽约、东京、巴黎、伦敦，都符合此特点。经济中心城市一方面能起到集聚辐射的作用，另一方面使空间格局不至于失衡，有利于培育其他区域性中心城市，便于形成更为合理的空间功能体系，从而保证整体协调发展和实力的增强。

而发展中国家，尤其是拉美国家的经济中心城市首位度普遍较高，如墨西哥城达 48%，布宜诺斯艾利斯高达 61.48%。这些经济中心城市的过度极化效应，使得周围其他城市和区域无法有效集聚各类资源和生产要素，加速空心化进程，城镇化和工业化进程相脱节、整体实力受限，而这正是拉美国家"中等收入陷阱"的重要成因和外在表现。

再看国内，通过将代表性省份的多年数据进行叠加，可以看出，总体上，省会城市逐步集聚增强、县域经济总量占比持续减少，但达到 40% 左右开始趋缓。省会城市、各市辖区、县域经济总量都逐步向"2∶4∶4"演进，维持为此比例的区域发展得相对较好，偏离的则会出现不同层面的问题。

二、识局更需解局

通过初步梳理国内外数据，能得出一个结论——经济中心城市首位度在客观上确实存在一个类似几何学的"黄金比例"的理想常数。因此进一步揣测，"二八定律"可能适用于此，即经济中心城市整体占比为 20%，达到相对最优状态——处于更为合理、更为强劲、更为持久的发展模式。同时，这个比例并非静态的，而是动态平衡的。

以此标准重新审视，就能够从整体层面规避重蹈拉美覆辙。同时，上海作为经济中心，还有很大的上升空间。从省域层面来看，四川、湖北、陕西等"强省会"型省份和其他广大的中西部省份分别走向了两个极端，都超出了"二八定律"的合理区间，整体发展质量未必高，如成都、武汉、西安，虽然自身经济体量占比很高，但是省域整体经济水平并不高，在全国排名并不靠前。只有处于合理区间才能更好、更持久发展，才能稳步推进中心城市和城市群建设。最后，再次重申，这仅仅是基于局部地区、局部数据的初步梳理，挂一漏万，仅作探讨。

"强省会"经济圈：
捷径OR误区

与以往相比，最近十多年，区域发展层面的一个巨大变化便是各省由相对均衡发展向省会城市极化发展转变。单纯的省会经济圈究竟能否带动省域经济发展？放在当下的语境中，相信很多人会肯定地回答"能"，但事实究竟如何？

一、提出省会经济圈的必然性

总体上，从发展规律来看，随着经济社会发展、科技进步，尤其是随着信息化、高铁与航空时代的到来，既有的小尺度、垂直化、封闭式空间格局必将被打破，各类资源要素必将向中心城市加速集聚，省会经济圈崛起是必然的。

国内外大量案例也给予了有力印证。从国家层面，如韩国、法国，其首都首尔、巴黎的人口和经济首位度都远高于其他国家中心城市。通过首都的强力发展，进而带动国家整体发展。从国内来看，也有大量此类案例，最典型的莫过于近年来的中西部省份，通过"强省会"战略带动全省的快速崛起，典型如贵州、安徽。

贵阳通过贵广高铁建设、发展大数据、贵安新区等多项举措，实现快速崛起，进而带动全省异军突起，经济增速连续多年位列全国第一名；安徽则通过拆并巢湖扩大腹地、建设滨湖新区，尤其是国家大科学中心建设，迅速做大做强合肥，进而带动全省发展，增速同样位列全国前列，此外，还有湖南、江西、广西等省区。

客观来说，通过重点发展省会经济圈确实能带动区域整体发展，尤其是工业化和城镇化快速发展。但同时，需要指出，任何事物都需辩证来看，对于省会经济圈来说，同样如此。省会经济圈并非万能，片面强调省会经济圈也可能适得其反。

二、一城独大不可取

一枝独秀不是春，百花齐放春满园。从国家层面来看，同样是法国和韩国，逐步表现出后劲不足的情况。尤其是经历一轮国际金融危机之后，法国疲态尽显；而在日韩贸易战中，韩国基本无招架之力——虽是科技和贸易领域，但更是综合国力的体现。与此相对应的是，德国成为欧盟的中流砥柱；日本依然是经济与科技强国。当然，国家和区域的发展有诸多因素，但从城市格局来看，韩国和法国为典型的单极化发展模式，德国和日本采取多中心发展模式，形成更加复合多元、更富活力和更为强劲的城市功能体系。

从城市群层面看，多年来，京津冀与长三角、珠三角实力差距拉大，在很大程度上，正是由于长三角和珠三角采取了功能更完善、层级更多元、空间格局更合理的复合型空间功能体系，而京津冀属于典型的强中心、单中心。近年来，京津冀协同发展正是基于此考虑的。

从省际层面看，单纯的"强省会"并不利于省域整体实力提升，典型如四川、湖北、陕西，都采取典型的"单中心+强省会"战略，省会城市一家独大，人口和经济首位度都明显高于其他省份的省会城市，而且近年来有进一步极化趋势。

打造"强省会"，成为各类资源要素集聚的平台和空间载体，确实带动了全省甚至更大区域层面的发展，尤其是发展初期阶段的效果更为明显，但随着发展阶段的递进，其负面效应逐步凸显。一方面，省会城市的虹吸效应，大大削弱了其他地区的发展，地区发展差距越拉越大；另一方面，省域内发展不均衡，落后地区无法与省会城市形成良性地域产业和功能体系，使得省会城市无法发挥腹地优势，导致省会城市缺乏持续发展动力，进而削弱区域的整体发展能力，形成恶性循环。

最终的结果是，"单中心＋强省会"型省份经济整体发展后劲不足。无论是历年经济排名、增速，抑或全国百强市和百强县的数量，都不占优。对于其他省份来说，倘若孤注一掷坚持"强省会"战略，片面追求单极化，那么这几个省份目前发展的境况，在某种程度上就代表了其他省份的未来，所以，应当引以为戒。

三、遍地开花不可取

片面的"单中心＋强省会"型不可取，是否意味着要实施多中心型战略？典型如山东。从经济总量看，山东长期位居全国第三名，处于第一阵营。从城市体系看，山东为典型的多中心格局，省内各地相对均衡，整体实力都非常强劲，2018年百强市和百强县数量居于全国前列。应该说，山东雄厚实力的背后，市县均衡化发展功不可没。但同时能发现，虽然一直位列第三名，山东与广东、江苏之间的差距却在逐步拉大；其中固然有诸多原因，但很大程度上，在于省域中心不强。多年来，济南在山东的实际影响相对有限，首位度极低，经济总量也一直位居青岛、烟台之后，作为省会城市，在其他省份中这种情况极其少见。

近年来，山东已经意识到自身问题，并开始有意转变，重点做大做强济南，且动作频频：先是在全国率先推进新旧动能转换，从全省层面大力推进新旧动能转换示范区，积极谋划济南跨黄河北向发展，再进行行政区划调整，将地级市莱芜划归济南，一举改观济南"弱省会"局面。相信随着济南的崛起，与青岛"双核"引领，必将带动山东发展实现大的跨越。

另一个典型案例则是河南。在经济总量上，河南长期位列全国第五名，高于四川、湖北、陕西等。应该说，河南的发展很大程度上得益于市县的发展，无论是百强市还是百强县数量都位列中西部省份首位，但同时应看到，虽然在经济总量上，河南长期位列全国第五名，但是与前四位，尤其是前三位省份之间的差距可谓天壤之别，不足广东、江苏的一半，而且差距还在进一步拉大。差距之所以如此悬殊，很大程度上在于缺乏强有力的中心带动，省会郑州实力弱，副中心城市洛阳也相对较弱。尤其是区划调整严重滞后，不仅落后于发达地区如杭州、南京等，也落后于合肥、济南、西安、成都等中西部地区，甚至落后于省内的许昌、三门峡、开封、周口等省辖市。虽然郑州目前正在推进都市圈建设，但是如果区划迟迟未有大的进展，建设成果势必大打折扣。

由此来看，所谓的多中心、"弱省会"并不可取。但相对于片面的单中心，显然，多中心后劲更足。

四、他山之石，可以攻玉

何种才为更优模式，将多年来发展较好的省份进行分析梳理，可以得知，强有力的中心，尤其是双中心型省份发展更为强劲和持久。同时，"省域中心、市域中心、县域"之间存在一个类似几何学的"黄金比例"，即省域中心占比20%，三者之间比例为20：40：40。只有处于这个区间的发展模式才是合理、强劲、持久的。这个比例并非静态，而是动态平衡的。需要指出，这里的省域中心和市域中心分别指城市辖区，而非整个市域，强省必有强市和强县，相辅相成。

为验证以上推论，我特意将广东和江苏做了对比研究。首先，广东和江苏都采用双中心型战略，广东为广州和深圳、江苏为南京和苏州。其次，广东和江苏都采取强市战略，都在全国率先大范围推进撤县设区，重点发展市区，形成众多区域强力中心，共同拱卫省域中心，带动整体发展。最后，广东和江苏都有非均衡发展战略，江苏有苏南和苏北，广东则有珠三角和粤北、粤西。

但同时，广东和江苏又有明显区别。最典型的莫过于广东实行"双中心＋强市"战略，尤其是珠三角地区，全面实行撤县设区，曾经的明星百强县如南海、顺德等全部纳入市辖区；而江苏则采取"双中心＋强市＋强县"、多点"百花齐放"的模式，使得江苏无论是经济总量，还是百强市和百强县数量，都占据绝对优势。两者都实现了快速崛起，成为当之无愧的经济重心，很难说哪种战略更优。

值得关注的是，广东自1990年首次赶超江苏之后，一路保持优势近30年，在2009年达到高峰。但自2009年之后，两者之间的差距开始逐渐缩小，尤其近年来，江苏有进一步赶超的态势。种种迹象表明，或许，以江苏为代表的长三角模式可能发展后劲更足、更具普适性。

五、两个"避免"与两个"把握"

1. 避免"一刀切"，应因地制宜，坚持分区分类

对于发达地区应提质增效，追求高质量发展，参与全球竞争。对于湖北、陕西、四川等省会经济占比相对失衡的省份，应考虑区域均衡，尤其加强对副中心城市和市县活力的培育。对于中西部广大省份来说，应举全省之力重点做大做强省会。

2. 避免"孤立单点"，应"双核、多中心、百花齐放"

树立整体全局思维，将省会经济圈的发展置于省域，甚至更大尺度的区域格局之中来全面审视。省域中心不能停留于仅仅是省会单中心，而应是双中心型，尤其注重副中心城市的培育和强化。中心由主中心和副中心构成，犹如左右大脑；次中心犹如躯干和四肢；县域犹如肌体和细胞。单纯片面地推动省会经济圈并不可取，而应全面系统、协同推进。既要发展省会城市，又要注重做强地市和县域，形成良性循环。同时，提出多中心、百花齐放，并非要削弱对省会经济圈和副中心城市的扶持力度；相反，是强化对省会经济圈和中心城市的投入力度，对于其他中心城市和县域强调"计划和市场"两个维度的调控。

3. 重点把握"强化""搞活"

"强化"主要是加大对省会经济圈和中心城市的投入力度，使其成为带动全省经济发展的核心引擎、人口和产业要素集聚的核心载体；"搞活"则是针对市县层面，注重体制机制创新，而非资金和物质的投入。打破以往"市管县"的传统垂直化管理的约束，构建"市和县"扁平化治理新模式。在全国层面，对地级市积极推动"撤县设区"，增强市区集聚辐射力，打破"小马拉大车"的弊端，适应城市型区域治理方式；对县市则实行"强县扩权"、省直管等举措，充分释放市场活力、激发县域发展潜力。

区域发展既需要大树参天，也需要根深叶茂；只有根深叶茂，才能大树参天。同时，区域发展没有最优模式，更没有一成不变的模式，找到真正适合自己的才是正途。

"同城化""一体化"
路在何方

"一体化""同城化"建设在各地可谓如火如荼，如广佛、苏锡常、宁镇扬、郑开、西咸、长株潭、太榆、沈抚……

可以说，几乎所有的一线、新一线和二线城市都会拉上周边一两个甚至数个城市做"一体化"或"同城化"，意在做大做强大都市区或都市圈，并且愈演愈烈，三四线城市甚至是中西部地区的五线小城也开始热衷于此。以河南为例，近年来有十多个市县陆续提出一体化建设。粗略推算，全国层面至少有上百个地区及城市在推进"一体化"或"同城化"，真是遍地开花、蔚为壮观。

各地"同城化""一体化"案例，呈现以下几大特点：

其一，不同区域所处的发展阶段、影响因素不同，同城化发展模式呈现多元化趋势，而非单一路径。

其二，南方和沿海地区的"一体化""同城化"普遍不涉及行政区划调整，更强调自下而上的市场化手段，通过空间、功能、产业、规划、交通、设施等一体化，促进要素高效流通、资源高效利用、设施高效共享，从而实现更高质量的发展，如广佛同城化、上海与苏州空间功能一体化。

其三，北方和中西部地区的"一体化""同城化"普遍采用行政区划调整的方式，或者通过代管或合作共建等形式，更强调自上而下的行政手段，如合肥拆并巢湖、济南并莱芜、沈阳抚顺共建沈抚新区、贵州安顺共建贵安新区。

其四，总体来看，市场主导型同城化即使未进行行政区划调整，发展势头依然强劲，潜力更足；行政主导型同城化虽然看似打破了行政壁垒，但依然存在制约要素流通、资源集聚与共享的诸多瓶颈，从而影响同城化质量。

其五，行政壁垒只是制约"同城化"的众多因素之一，并非最大和唯一的瓶颈。通过建立更加科学、合理、高效的同城化市场机制，整合各方资源、调动多方力量、提高多层级积极性，实现多元合作共赢，才是促进同城化发展的根本途径。

其六，应该清醒地认识到，一些看似繁华的背后则是一地鸡毛，很多所谓的"一体化""同城化"仅仅停留在规划文本之中，即使在推进中的也是举步维艰。各地之所以热衷于"一体化""同城化"，很大程度上是寄希望于将彼此的空间土地价值快速提升，从而快速变现，拉动财政创收及地方经济，实现产业、功能和市场一体化。大量的事实已经证明，外延式、扩张型发展模式不再适用，当前的区域和城市发展方式已发生重大转变，因此，过往的增量型、扩张型、计划型思维需要向存量型、内涵式、市场化思维转变。当前各地方编制的国土空间总体规划中，很多城市已经开始做减量。

"一体化""同城化"，都是城市群或都市圈发展的高级阶段，但归根到底属于一种区域经济发展和城市化发展现象，背后有着规律性和必然性。"二八定律"适用于区域和城市发展，即不是所有的城市和地区都有必要或能够实现"一体化""同城化"。正如城市工作会议上讲到"要尊重城市发展规律"，各地在推进"一体化""同城化"的发展过程中，需遵循区域和城市的发展规律、更要强调遵循经济和市场规律，尊重地方实际，结合发展阶段、发展基础，多借助市场化力量，因地制宜、循序渐进，不可"一刀切"、一哄而上，否则只能落得画饼充饥、望洋兴叹。

遍地的科技城，能否为城市发展插上翅膀

回看百年来世界发展史，科技创新被提升至前所未有的高度。近年来，科技创新成为我国产业发展的重要驱动力之一，大数据、云计算、人工智能、物联网、生物科技、区块链、传感器、5G 技术等新技术及"热门产业"快速发展。与此同时，国内众多科学园区、科技城在各地"蓬勃发展"。

科技城起源于国外，被引入国内后，成为我国科技创新的重要载体和城市发展的重要战略空间。"科技城"真能如设想中集聚各类创新资源要素，带动城市高质量发展，还是沦为城市扩张和土地升值的"手段"？

一、从"硅谷"到"中关村"

1. 科技城1.0 时代——始于美国

20 世纪 50 年代，美国斯坦福大学创建全球首个工业园区，可以称为第一代科技城的典范。由于第一代科技城主要以大学和科研机构为依托，因此在其发展初期，各项城市服务功能尚不完善，缺少相应的配套服务，缺少对人类需求的关注和交流的空间。依托斯坦福大学的科技创新能力和知名度，高端人才和创业公司不断集聚于此园区，发展成为如今赫赫有名的"硅谷"。

2. 科技城2.0 时代——兴于全球

在美国开启科技城之后，全球掀起了一场建设科技城、科学园区的热

潮，多个国家争建不同类型的科技城，如日本筑波科技城、印度班加罗尔科技城、法国安蒂波利斯科技城、德国慕尼黑科技城、瑞典斯德哥尔摩科技城等，科技城的科技研发能力和产业竞争力为各国经济发展和综合国力的提升奠定了坚实基础。

以印度为例，在班加罗尔周围，有印度理工大学、班加罗尔大学、航空学院等众多综合大学和技术学院，每年输出两万名 IT 工程师，为班加罗尔软件业的发展提供了人才支撑。如今班加罗尔的高科技企业鳞次栉比，班加罗尔被称为全球第五大信息科技中心，号称"亚洲硅谷"。

3. 科技城 3.0 时代——盛于中国

20 世纪 80 年代初，中关村科技园兴起，这是中国第一个国家级高新技术产业开发区、第一个国家自主创新示范区、第一个国家级人才特区，被誉为"中国硅谷"。同时，我国大学科学园区迅速发展，北京怀柔、上海张江等地依托高校，集聚高端创新资源，打造国际标准的科学园区。1985 年，深圳科技工业园建成，是我国首个科技城的雏形。2001 年，国家批准四川绵阳建立我国第一个科技城，随后，合肥、深圳、广州、成都、西安、苏州等地先后打造科技城。

目前，中国拥有上海张江、合肥、北京怀柔、深圳 4 大综合性国家科学中心，其核心载体分别是上海张江科学城、合肥滨湖科学城、北京怀柔科学城、深圳光明科学城（见表 2-1）。在科技城建设方面，最具代表性的是在北京、天津、杭州、武汉四地试点建设的北京未来科技城、天津未来科技城、武汉未来科技城、杭州未来科技城。

表 2-1　中国综合性国家科学中心

名称	城市	定位	目标	产业方向	获批时间
上海张江综合性国家科学中心（上海张江科学城）	上海浦东	中国乃至全球新知识、新技术的创造之地，新产业的培育之地	现代新型宜居城区和市级公共中心；世界一流科学城	信息技术、生物医药、人工智能、航空航天	2016年2月

续表

名称	城市	定位	目标	产业方向	获批时间
合肥综合性国家科学中心（合肥滨湖科学城）	合肥	全国创新驱动发展样板区，长江经济带生态文明先行示范区，长三角高质量发展重要增长极，内陆对外开放新高地	科研要素更集聚、创新创业更活跃、生活服务更完善、生态环境更优美的世界一流科学城	集成电路、新能源汽车及智能汽车、机器人、生物医药、装备制造	2017年1月
北京怀柔综合性国家科学中心（北京怀柔科学城）	北京怀柔	具有全球影响力的科技创新中心的核心支撑，引领全球科学发现和重大前沿技术突破的新引擎，与国家战略需要相匹配的世界级原始创新承载区	尖端创新引领的世界知名科学中心；绿色创新引领的协同发展示范区；生态文明引领的宜居城市典范	新材料、新能源、医药健康、智能装备、人工智能	2017年5月
深圳综合性国家科学中心（深圳光明科学城）	深圳	世界级大型开放原始创新策源地，粤港澳大湾区国际科技创新中心核心枢纽，引领高质量发展的中试验证和成果转化基地	开放创新之城、人文宜居之城、绿色智慧之城、建成竞争力影响力卓越的世界一流科学城	电子信息：重点发展集成电路、超级计算、人工智能等；生命科学：重点发展合成生物学、精准医学等细分领域	2019年8月

资料来源：根据各地方政府官网或网络公开资料收集整理。

二、8大隐忧

在我国工业化进程中，产业园一直是经济增长的核心载体。传统园区的发展主要依靠资源、土地、劳动力及政策红利等，对城市发展的贡献主要体现为带动经济总量扩张和提供就业。但是，产业园功能单一、产业集群程度低、产城分离等问题普遍存在。当前，发展方式由要素规模扩张向创新驱动转变，"创新驱动"已成为高质量发展的核心动力，于是，科技城应运而生。

总体来看，科技城能够更有效地引领城市高质量发展。科技城的发展以"创新""人才"为核心驱动力，对城市的空间布局、产业转型发展、营商环境、人才引进、就业环境等产生重大影响。然而，科技城在实际建设运营过程中，却面临诸多问题。

1. 投资热度过盛

用"遍地开花"来形容各地的科技城毫不为过，一些新城、新区只是把原规划的各类工业园区、产业新区、开发区、高新区换成科技城、生态城、科学园区而已，本质上依然依赖城市扩张和土地开发，"换汤不换药"。

多年前，全国多地曾集中建设"新区、新城"，掀起"造城"热潮。很多新城规划面积达到了现有城市面积的一半左右。国家发展改革委曾做过实地调研，161个县级城市中，就有67个提出新城或新区建设的，更不必说省会城市和地级市。科技城项目如雨后春笋般快速发展（见表2-2）。

表2-2　中国部分省市科技城项目

名称	城市	定位	主导产业	建设时间
广州科学城	广州	全球智能制造基地，中国智造品牌中心	新一代信息技术、人工智能、生物医药	1998年
青岛崂山科技城科技谷	青岛	生态环境优美、配套设施完善、尖端企业云集的国际科技社区	科技研发、商务办公、康乐休闲、生态观光、生活居住	2010年
松山湖科学城	东莞	重大原始创新策源地，中试验证和成果转化基地，粤港澳合作创新共同体，体制机制创新综合试验区	新一代信息技术、集成电路、高端装备制造、新材料、新能源、人工智能、生物医药	2014年
中国西部科技创新港	西安	国家使命担当，全球科教高地，服务陕西引擎，创新驱动平台，智慧学镇示范	电力电子、高端装备制造、能源与动力、信息技术、新材料、航空航天、生物医学	2015年
惠州潼湖科学城	惠州	世界级数字化创新产业高地	房地产	2016年
成都科学城	成都	创新要素集聚区，创新发展先行区，西部创新第一城	基础科研、互联网大数据、生物科技、高端制造、现代金融、创意设计、研发服务	2016年

续表

名称	城市	定位	主导产业	建设时间
双湖科技城	郑州	郑洛新国家自主创新示范区核心区，中原科技创新谷核心载体	智能制造、大数据、网络安全	2016年
西安未来科技城	西安	西部硅谷、创新之都	电子信息、科技转化	2017年
武汉中法生态科技谷	武汉	具有广泛影响力的国际科技合作之城、产业创新之城	智能制造、生命健康、研发创意和电子商务	2017年
江苏淮海科技城	徐州	科技成果孵化器集聚区，产业研发加速器集聚区，众创空间集聚区，科技金融集聚区，科技服务业集聚区	人工智能、软件及信息技术、生物医药与大健康、互联网融合	2017年
中山翠亨科学城	中山	国际创新化、现代化、创新型城市新中心	电子信息、装备制造、健康医药	2018年
西海岸创新科技城	青岛	加快区域新旧动能转换，打造绿色科技生态城市	科技创新、绿色智慧、休闲健康、商务服务	2018年
洛阳科技城	洛阳	高端产业新中心，创新创业新高地，生态宜居新天堂	微光机电、软件与信息服务、工业设计与创意产业	2018年
石家庄未来科技城	石家庄	"产城融合"的现代新城	科技研发、金融、生态居住	2019年
广州南沙科学城	广州	粤港澳大湾区综合性国家科学中心主要承载区，全球海洋科学与工程创新中心，全球开放合作枢纽，战略产业策源地，经济社会数字转型示范区	海洋科学与工程、医学与健康、人工智能、数字经济	2019年
肇庆大旺科学城	肇庆	粤港澳大湾区科技创新的重要节点	新能源汽车、先进装备制造、生物医药	2019年
西安科学城	西安	科学家定制城市，原创新科技先锋	地球环境、光电产业、生物医疗产业、航空航天、新材料产业	2019年
中原科技城	郑州	全市新旧动能转换发动机，中原地区科技创新策源地，黄河流域高质量发展引领区	数字文创、信息技术、前沿科技、生命科学、人才教育	2020年
中科院济南科创城	济南	引领全国的科技创新高地和新兴产业重要策源地	新一代信息技术、生物医药、航空航天、电磁技术、先进制造	2020年
成都未来科技城	成都	国际创新型大学和创新型企业汇集区，国际一流应用性科学中心、中国西部智造示范区和成渝国际科教城	电子信息、航空航天、高端制造、科技服务	2020年

续表

名称	城市	定位	主导产业	建设时间
西部（重庆）科学城	重庆	具有全国影响力的科技创新中心核心区，引领区域创新发展的综合性国家科学中心，推动成渝地区双城经济圈建设的高质量发展新引擎，连接全球创新网络的改革开放先行区，人与自然和谐共生的高品质生活宜居区	大健康、新一代信息技术、先进制造、高技术服务	2020年
湘江智谷·人工智能科技城	长沙	打造国家智能制造中心	创新研发、人工智能、智能制造	2020年
太湖科学城	苏州	创新智慧之城、开放共享之城、美丽人文之城	信息技术、生物医药、纳米技术、人工智能	2020年

资料来源：根据各地方政府官网或网络公开资料收集整理。

近年来，科技城、科学园区建设存在"热度过高、数量过多"等问题，甚至一些科技创新资源匮乏的小城市也在推动建设所谓的科技城、科技园、生态城等，缺乏有效的产业和人才支撑且建设标准较高，与本地实际发展条件不符，而且对各项基础设施的投入较大，成本回收周期较长，加重了地方债务风险。可见，众多中小城市在发展的过程中陷入了土地资源驱动的路径依赖，不尊重城市发展和产业发展规律。

2. 无序竞争加剧

继国家发展改革委、科技部批复同意建设上海张江综合性国家科学中心，2017年，合肥及北京怀柔获批建设综合性国家科学中心；2019年，粤港澳大湾区综合性国家科学中心横空出世，深圳成为"综合性国家科学中心第四城"。这些城市具备较为雄厚的科研实力，拥有大科学装置、研究型大学科研院所及顶级企业研发中心。

与此同时，全国提出建设综合性国家科学中心的城市至少有十余个，成都、重庆、西安、武汉、南京、广州、济南、杭州、兰州、沈阳等均在"十四五"规划中提出打造建设综合性国家科学中心，并围绕这个目标建设科技城。然而，对于不具备优质科研资源和研究型科研院校的城市来说，如果对高端科研资源和高端人才进行无序竞争，那么科技城将出现重复建设的情况，最终造成资源浪费。

3. 目标夸大其词

不少城市在规划定位科技城时，均提出高起点定位、高标准规划建设，"全球创新高地""国际一流""对标硅谷""创新第一城"等定位来振奋人心，却忽视了自身在科技研发、高端人才及科技企业方面的条件和基础，脱离发展实际；创新港、智慧岛、科创走廊等新词满天飞，与炒作概念、包装上市有几分相似。

4. 发展定位雷同

一些科技城在建设初期对产业发展缺乏科学合理研判，导致在建设开发和招商运营中盲目追求高端业态，瞄准大数据、云计算、人工智能、物联网、5G技术等，而忽视自身产业基础、发展阶段和创新能力，对自身具有发展潜力的特色优势产业转型升级不足，同质化布局严重，导致各地资源分散、特色不鲜明、产业联系度低、互补性不强、协作水平不高、集群效应不明显。

5. 发展规模偏大

从各地规划的科技城、科学园区用地规模来看，存在规模偏大的问题，特别是对于中小城市来说，自身经济体量尚小，科研和人才实力相对较弱，能否支撑起大规模的科技城应进一步论证。

6. 功能相对单一

当前多数科技城、科学园区在新概念的外衣下，依然简单套用传统产业新城的发展模式。科技城不同于产业新城，由天然的顶尖技术高度密集、顶端资本高度密集、顶级人才高度密集、顶级公共服务配套、顶级生态环境品质综合而成。从用地来看，多数科技城更加注重产业用地，而配套服务（生活、商业等）满足人才需求的用地相对较少；从实际发展来看，多数城市建设的科学园区重视大型科技企业的招商，而对于科研院所、高等院校的引进和培育不足，不利于良性可持续发展。

7. 运营模式滞后

各地科技城的开发建设和运营管理多数由地方政府主导，这种模式会导致科技城的建设与科技企业、高校乃至科研机构的实际发展不匹配。一方面，在科研院所、高校分校和科技企业进驻之前，科技城的各类办公场地、公共研发中心及实验室等硬件条件在政府主导下已建设完毕，并不能完全匹配进驻方的具体需求；另一方面，因为各地科技城的建设数量众多，但地方给出的优惠政策总体上类似，并不能在吸引企业和高校的进驻方面显示出差异，即使科技城通过政策吸引了高校和企业进驻，但由于不能从市场需求出发，未结合本地产业的创新发展需求，因此不能很好地促进技术创新的发展。

8. 创新环境不优

与国外先进科技城和国家重点布局的国家科学中心相比，众多省市加速布局的科技城，基本上可以说是科技型企业和高校分校的集中地，主要是产品的加工生产基地，在基础研究和重大技术研发上的投入较少，同时，存在营商环境不优的现象，如政务服务的便利性欠缺，行业部门之间主动配合协调不够，对于科技型企业的优惠政策落实难等。部分科技城在人才就业居住环境、人才扶持政策等方面不完善，并不能有效引进高水平、跨行业复合型人才。

三、科技城路在何方

1. 构建"金字塔"形创新载体体系

从国家层面对主要城市进行综合发展条件的评估，进而对我国科技资源进行全方位、系统化的安排部署，可防止各地科技城、科学园区建设"运动化"，重蹈新城新区"一哄而上"的覆辙。

从国家层面构建"金字塔"形创新载体体系，以综合性国家科学中心为"塔尖"，集中布局建设世界一流的重大科技基础设施集群；以区域性科学中心为"塔身"，打造区域性创新高地；以各类创新孵化器和双创空间为"塔基"（见图2-1）。明确各类城市在"金字塔"形体系中的定位和分工，使各地在规划建设科技城的时候有章可循，避免陷入盲目建设的局面。

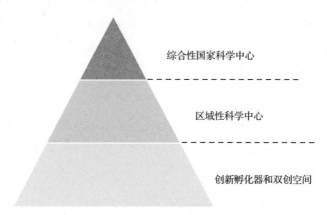

图2-1 "金字塔"形创新载体体系

2. 尊重规律，因地制宜，科学研判建设可行性

对科技城（科学园区）的谋划、建设、开发，要尊重城市和产业的发展规律，落实国家科技发展整体战略部署，因地制宜，根据城市的具体发展阶段、产业基础及科教资源等因素综合研判，是否需要建设科技城、建设什么样的科技城。因为与城市或产业园建设相比，科技城的建设标准更高，其建设过程是一个从硬件到软件、从科研设备到高端人才的系统性配置过程，所以要提前做好谋划、研判和科学论证，切忌一哄而上。

3. 提前谋划，合理确定科技城的战略定位及规模

对于确需建设科技城的城市来说，需要在开发建设之前，提前谋划，科学论证，摸清家底，因地制宜，而非盲目追求"高大上"，对于科研资源尚不足以支撑综合性国家科学中心建设的城市来说，从实际出发，建设区域性科学中心也不失为一种好的选择。

4. 完善科技城功能布局，构建既根植本土又面向未来的科技创新体系

进一步优化完善科技城功能布局，对于科创型产业、居住配套和生活服

务要均衡合理布局。对于产业发展需要结合自身产业基础，有针对性地推动特色优势产业的转型创新，而非一味瞄准大数据、人工智能、5G 技术等热门产业，在科技研发方面要突出自身产业特色，避免同质化恶性竞争。

5. 创新多元化运营管理模式，优化创新环境

科技城具有天然的高度市场化属性，需要高超的市场化运营手段和模式，以及高级技术型管理人才。从国内众多省市地区开发建设科技城的运营模式来看，多数以政府为主导，建议逐步向市场化方向努力，政府只作为科技城建设前期的推动力量，后期的规划建设、开发运营可以由市场化专业团队来推动。政府应鼓励科技城成立市场化运营公司或引入战略投资者，承担科技城的开发建设、招商运营、专业化服务等功能，这样有利于科技城的招商、科技成果的转化、创新平台的集中打造等；注意引进及培养高端运营管理人才，通过定向选聘、竞争聘任、社会公开招聘等方式聘任上岗，甚至可以从科技型 500 强企业中高薪招聘专业人才，实施全员绩效考核方案，推行绩效工资和薪酬激励制度。

科技城和科学园区一定要善用金融资本力量，协同推进科创中心与金融中心建设，搭建各类投融资平台和产业发展基金平台；积极优化创新环境、营商环境和人才服务环境等，加快推进龙头企业研发平台建设，与高校、科研院所等共建创新联合体、科研工作站、技术转移中心等，促进科技成果转化落地；鼓励和吸引行业龙头企业设立研发中心，引进并聚集行业领域顶尖研发、检测、设计单位与第三方实验室，构建以企业为主体、产学研融合的创新体系，提升企业的创新能力。

资源型城市：
摆脱依赖，转型发展

资源型城市面临的问题是新时期新阶段一个普遍性的问题，也是迄今为止一直在努力解决的世界性难题。资源型城市大多经历了"因资源而立""因资源而兴""因资源枯竭而困"等发展阶段。虽然资源型城市也有转型成功的先例，如德国鲁尔、日本北九州、英国曼彻斯特、美国休斯特以及国内的徐州、焦作等，但未能转型成功的城市则面临"因资源枯竭而废"的境地。

河南作为一个矿产资源大省，同样有众多资源型城市面临的类似问题，如矿产资源随着持续开发利用而日益枯竭，城市发展中主导产业单一、产业结构失衡、经济衰退、环境污染加剧等。以河南为参照，探讨资源型地区如何转型，以期对其他地区起借鉴作用。

一、因矿而生

河南是典型的资源型地区，西北侧能源矿产资源富集，东南侧稀少。因此，河南省内资源驱动型城市主要集中于省域西北部，如三门峡、鹤壁、平顶山、焦作、濮阳、洛阳等地级市及灵宝、义马、舞钢、永城、禹州、汝州、新密、登封、巩义等县级市与新安、栾川、洛宁、桐柏、安阳等县。

"因矿而生"的典型代表有焦作、义马、舞钢等。国家确定的资源型城市中，河南有 15 个，全部位于豫西、豫北、豫西南资源密集地区，为 7 个省辖市、7 个县级市和 1 个县，数量居全国第三名。其中，永城、禹州被确定为成长型城市，三门峡、鹤壁、平顶山和登封、新密、巩义、荥阳被确定为成熟型城市，焦作、濮阳和灵宝被确定为衰退型城市，洛阳、南阳和安阳被确定为再生型城市。

二、因矿而兴

河南的 15 个资源型城市的土地面积占全省总面积的 47.5%，人口数量占全省总人口的 39.4%，经济总量、工业增加值占全省相应总值的比重分别达 44.7%、48.5%，长期以来为全省经济平稳健康发展作出了重要贡献。从 2018—2020 年全国百强县榜单来看，河南入围的县市几乎全部为资源型城市，如巩义、新密、永城、荥阳、济源、汝州、登封、禹州等。除此之外，河南各资源型地级市所辖的经济最强县全是资源型县城，如三门峡的灵宝、平顶山的汝州、商丘的永城等。

在工业化初期，这些县市的能源矿产资源成为比较优势和核心优势，实现经济的快速崛起。资源型产业成为县域经济发展的支柱产业，工业比重相对较高，工业化水平持续提升，使这些地区迅速超越资源相对匮乏的县市，率先进入工业化中期和后期阶段。

从企业维度来看，矿产资源推动了各地市企业的快速发展，河南民营企业 100 强主要集中于省域西北部，除省会郑州（17 家）外，还集中于南阳（12 家）、安阳（11 家）、许昌（10 家）、洛阳（6 家）、济源（6 家）、焦作（6 家）、平顶山（6 家）、新乡（6 家）等资源型城市。领军型企业多以资源依赖型产业为主，如南阳的龙成、西保冶材、中源化学；安阳的永兴特钢、利源煤焦、亚新钢铁；许昌的豫金汇不锈钢、黄河实业；济源的济源钢铁、万洋冶炼、金利金铅；洛阳的栾川铝业、香江万基铝业；三门峡的东方希望铝业、开曼铝业；焦作的龙蟒佰利联；平顶山的天瑞集团、南洁石实业、宝丰翔隆不锈钢等，成为地方经济发展的龙头。

三、因矿而困

资源型城市由于长期依赖矿产资源的开发利用，自身产业层级和城市发展动力一直以资源为依托，当受到宏观经济影响和生态文明建设约束时，就会面临经济下滑、企业经营困难、税收和就业无法保障等一系列的问题和困局。

1. 依赖性思维严重，不利于经济转型

依赖性思维严重不仅仅是资源型城市面临的首要问题，也是多数县市普遍存在的问题，有资源的县市过度依赖资源，没有资源的县市就依赖土地，或者寄希望于政策扶持，整体表现为过度依赖"有形的要素资源"。

资源型城市依托矿产能源资源实现工业化和经济起飞后，经济逐步放缓，从表面上看，面临的是资源枯竭等"有形的要素资源"优势的衰退，实则是人的创新思维、开放观念的缺失，存在技术、资金、文化等方面的不足，人们的开拓意识、创新观念不强。

资源型城市大多过分依赖矿产资源和土地，寄希望通过粗放发展方式实现工业经济的超常规发展，被动等待投资和产业转移，这难以持久发展。然而，在资源优势丧失之后，坐等政策扶持经济发展，成为资源依赖型县域经济转型面临的核心问题。

2. "一业独大"，产业结构严重失衡

通过分析研究众多资源型城市发现，由于对能源矿产资源的依赖程度较高，个别城市采掘业占比仍高达 50% 以上，在县域经济中工业所占的比重较大，且以重工业为主，产业结构严重失衡。

企业发展以资源型为主，且大多数属于资源原材料初级加工型，工业产品多处于产业链前端和价值链底端，第二产业由于没有形成完善的产业链，产业转型升级的基础相对薄弱。同时，经济对矿产资源的依赖严重阻

碍了其他产业发展，第三产业起步较晚，所占的比重较小，经济转型难度较大。此外，由于受到产业发展、资金状况等因素影响，资源型城市吸引高新技术产业和人才的能力较弱，产业创新和可持续发展能力水平较低，产业转型升级难度较大。

3. 企业创新意识薄弱，创新要素不足

从资源型城市的重点企业来看，多数资源型企业由于长期过度依赖资源优势，一直采用传统技术工艺，产品结构单一，创新意识薄弱，无法形成核心竞争力，同时，创新要素匮乏，缺乏技术研发能力和创新人才。一方面，传统企业由于自身创新思维薄弱、创新动力不强，很难吸引专业技术人才；另一方面，在职工老龄化及人才不断外流的双重影响下，出现"人才断层"，导致人才的结构性矛盾逐步凸显。

4. 财政收入单一，城市经济韧性不强

资源型县域经济主体产业大都是基础性产业，产品附加值比较低，由于发展动力单一，导致财政收入途径单一，受外部环境影响较大，利润大幅度流失，造成财政增收受限。特别是近期受国际宏观经济形势影响，有一批资源型企业停产或者处于破产边缘，对地方经济发展造成重大影响。

5. 资源环境压力大，协调发展能力弱

长期以来，由于传统资源型产业的高污染、高能耗属性，导致县域节能减排及环境保护压力较大。同时，此类重工业占地规模较大，单位面积建设用地产出效率较低，与之配套的货运物流对城市交通和环境造成极大影响，是资源型城市面临的普遍问题。

大部分高污染、高耗能的重工业企业由于未及时淘汰或升级，替代产业尚未培育成型或发展相对滞后，经济发展与生态文明建设未实现协调发展。

四、他山之石

从国际上看，转型比较成功的城市有德国鲁尔、日本北九州、英国曼彻斯特等，而从河南省内来看，焦作、新密则成为资源型城市转型的典范。

德国鲁尔曾经是德国有名的钢材、煤炭生产市，在转型过程中，瞄准高新技术产业，一跃发展成德国的高新技术产业基地，实现了从无到有、从弱到强的巨大转变。日本北九州在转型过程中将产业振兴政策与环境保护政策相结合，吸引外部高端企业入驻，并兴办新兴企业，寻求多元化经营；大力引入高科技产业，提升竞争力，目前已成为日本西部规模最大的产业汇集地之一和国际物流枢纽城市。英国曼彻斯特由工业化城市向服务经济型城市转型，多元化转型不断加速，金融、教育、旅游等行业的就业人数增长尤其迅猛，已成为一个以金融、服务业、交通、教育和体育为支柱产业的城市。

河南焦作将转变观念放在首位，解放思想，转型引领高质量发展，着力延伸产业链条（生物化工、精细化工、医药化工），实施旅游带动战略，引领第三产业全面发展（5大景区、10大景点），培育4大新兴产业，夯实经济跨越基础（风电、光伏、新材料、光电），实现从"黑色印象"到"绿色空间"、从煤炭之城到山水之城。郑州新密突出资源型城市"转型升级"主线，为加快构建现代产业体系，构建"2+8"产业集群的现代产业体系，将品牌服装打造为千亿元级产业集群，建设全省唯一以品牌服装为主导产业的集聚区，加大产业链条谋划，延伸服装设计、时尚消费、文化创意等产业，全面建设"中国品牌服装制造名城"；充分发挥生态文化优势，向文化旅游方向转型，重点打造伏羲山旅游区、银基国际旅游度假区等文旅项目。

五、5大对策

对于三门峡、洛阳、平顶山、焦作、安阳、鹤壁及所辖资源依赖型县市来说，在新的发展时期，生态优先是底线，转型发展是出路，城市发展面临资源环境和产能过剩的双重压力，传统粗放的发展模式难以为继，唯有加强创新，淘汰落后产能，积极培育新兴产业，加速经济转型；唯有实现发展方式从规模速度型粗放增长向质量效率型集约增长转换，产业结构由中低端水平向中高端水平转换，增长动力由要素驱动和投资驱动向创新驱动转换，才能在大变局浪潮中不被淹没。

1. 积极转变思维方式

资源型城市转型需要主动作为，最大限度地发挥主观能动性，不能坐等国家政策支持。能否把握机遇、有效利用稀有资源，才是促进城市成功转型的关键。因此，需要积极转变思维方法和价值取向，践行"绿水青山就是金山银山"理念，树立创新发展思维，摆脱"低成本"传统路径，由要素驱动型传统发展模式转变为创新驱动型发展模式，坚持由资源导向型向市场导向型转变、由资源优势向市场优势转变，由单一支柱产业向多元支柱产业转变，由低端技术和产品向高新技术和高端产品转变，突破矿产资源型县域经济发展瓶颈。

2. 因地制宜发展县域经济

河南对全省的县域经济进行分类，其中，优化开发县市27个、重点发展县市65个、生态功能县市12个。资源型县市在3大分类中均有涉及，如优化开发县市中有巩义、荥阳、新密、新郑、登封、汝州、义马、永城等；重点发展县市有新安、洛宁、禹州、灵宝等；生态功能县市有栾川、桐柏等。因此，在各县市的"十四五"规划和国土空间规划中，需要针对不同分类，立足资源禀赋、区位特征、产业基础等，找准路径、发挥优势、突出特色，明确战略定位和产业发展思路，走出各具特色的县域经济高质量发展之路。

3. 积极培育新兴替代产业

资源型城市要积极选择替代产业，寻找具备比较优势和发展潜力的新兴产业领域集中发力，如支持洛阳发展先进装备制造、新型材料、智能装备、航空光电等产业，三门峡培育壮大铝基铜基新材料等产业，鹤壁培育壮大光电产业，平顶山培育壮大智能电力装备等产业，而对于郑州大都市区范围内的资源型城市如巩义、登封、新密、荥阳等，则积极配套都市区产业发展，积极培育壮大生物医药、节能环保等产业，尽快形成新的经济增长点。

4. 充分发挥现有产业优势

对于资源型城市来说，转型发展不代表将之前的资源型产业全部替换为高新技术产业。也就是说，城市转型不是"一刀切"，不是推倒重来，而是对历史环境的延续和再创造，是一个持续改善的过程，只有植根于自身特色的转型才能获得长期的发展动力。

因此，在转型初期，除了主动寻找适合地方发展的新兴产业，对于现有的传统优势产业则应该从技术创新、产品创新、工艺创新等层面进行优化升级，加快延伸产业链条，全面实施绿色化改造、智能化改造和技术改造，培育一批具有较强竞争力的资源精深加工产业集群。

5. 创新招商模式

资源型城市应围绕接续替代产业培育，制定针对性的招商引资政策，引进行业领军型企业和核心配套项目，鼓励有条件的地方与国内外先进地区和龙头企业合作，采用政企共建、股权合作、"飞地经济"等模式共建产业园区，定向承接产业转移。

可以借鉴已有成功案例，采取"反向飞地"模式，在人才、资源、项目集聚的沿海发达城市设立"反向飞地""孵化飞地"产业，借力发达城市的科研技术、高端人才资源，不求所有，但求所用，引进新技术、培育新业态，实现"研发孵化在外、生产在内"的新型发展模式，打通河南对创新资源的迫切需求和发达地区高端资源充沛供给的通道，实现高端要素资源的有效对接和产业的优势互补，进而带动县市产业的转型升级。

城市更新：
用系统性思维破局

　　近年来，城市更新如火如荼，各类配套政策相继出台。政策出台的背后，是可观的资金扶持，更有可能是万亿元级市场的撬动。对于当下各地经济发展和城市建设，城市更新无疑是一片蓝海，对相对低迷的房地产市场来说，更被视为一剂良药。

　　然而，必须清醒地意识到，随着新时代的到来，城市更新的理念、思维、逻辑早已改变，若仍沿用旧模式、旧打法，看似乘风破浪的"风口"却可能成为折戟沉沙的"坑口"。

一、转变发展方式

　　根据相关政策文件，"十四五"时期，我国计划完成对2000年底前建成的21.9万个城镇老旧小区的改造，基本完成大城市老旧厂区改造，改造一批大型老旧街区，因地制宜改造一批城中村。这无疑是艰巨的工作任务，更是一块硕大的市场蛋糕。

　　进入新发展阶段，当城市建设发展方式由"增量扩张"向"存量优化"的内涵式转变，意味着曾经"大拆大建"的更新模式必将被摒弃，城市更新必将走向前台、成为主角。城市更新是城市转型的重要途径，更是城市空间资源拓展的重要手段，应注重城市品质和内涵提升。

二、规避6大误区

1. 只见树木，不见森林

城市是一个"有机生命体"，城市更新更是一项系统性工作。除涉及居住、产业等功能外，还涉及公共服务、市政设施、城市安全等方方面面，而生活配套、休闲健身、消防安全等功能更值得关注。因此，城市更新不能只关注局部片区，更不能只关注个别功能改善。

2. 一蹴而就

过去的城市更新存在诸多误区，有的地方把城市更新作为追求经济规模和实现经济增速的工具，因此产生了一些运动式、大刀阔斧、急功近利的做法，并带来一系列问题。比如，郑州在以往的城市旧改中，短时间内大规模整体拆除众多城中村，导致大量外来务工人口流失。

城市更新犹如人的"新陈代谢"，是一个循序渐进的动态过程，绝非"短平快"工程，不能追求立竿见影的效益。城市更新是一项持久性行动，特别是老旧小区的更新改造要让群众参与其中，解决好群众"急难愁盼"的问题，采用"绣花织补"等微改造方式，以小规模、渐进式的节奏稳妥推进，让群众有更多、更直接、更实在的获得感、幸福感、安全感。

3. 见物不见人

以往的城市更新，着重从物质空间层面开展，重视建筑层面、基础设施层面的改造提升，但忽视人的诉求。例如，老旧小区、城中村原居民的就近安置诉求，以及市民渴盼的文化、健身、休闲等功能较为匮乏。

4. 一刀切

在以往"旧厂区、旧片区、旧小区、旧街区"的"四旧"改造过程中，存在"一刀切"的显著问题。不同地区、不同阶段、不同类型的改造，其开发逻辑、路径模式是完全不同的，决不能采取等同的方式进行改造更新。

5. 房地产化

以往的一些城市更新，并没有从满足人的需求角度出发，而是把城市更新搞成房地产开发。特别是对于一些城中村，全部推倒建成高密度、高容积率的商品房，而生活配套、公共服务等设施不足，造成过度地产化，只注重经济效益，忽视功能配套和历史文脉延续。

6. 推倒重建

无论是老旧小区还是旧厂房的更新，绝非要推倒重建，不然非但不能解决"城市旧痛"，反而会产生"城市新疾"。城市建筑是城市的时代记忆，要以保留、改造为主，特别是对于具有历史文化价值的建筑、街巷肌理和传统城市格局，更要加大保护力度，留住城市记忆。

三、5大启示

总结国内外城市更新的成功案例，会发现存在以下一些共性。

1. 淡化物质空间，完善人居环境系统

不拘泥于建筑空间的美化重建，而是结合城市的总体定位和产业转型升级需求，通过城市更新优化城市功能，将人民群众的需求放在第一位，完善便利、高品质的人居环境系统。

2. 注重留住城市记忆

为了凸显文化底蕴，充分挖掘城市的历史和文化价值，体现独具地域特色的文化基因。

3. 着眼长远发展

不追求近期经济利益，把城市更新作为一个长期工程，不断吸取多方诉求，分期滚动开发运营。

4. 强化管理经营

把城市更新作为经营城市的平台，吸聚优质商业、文创资源，进而获

取长久效益。

5. 城市更新是一个动态过程

从各地城市更新的经验来看，经历了三个发展阶段，即"目空一切""目中无人""以人为本"，从原来的大拆大建、人口外迁、文脉隔断，到仅注重物质空间改造而不注重人的需求和历史延续，再到以人为本、因地制宜，以人居环境系统营造为主线，注重人的需求和文脉延续。

四、6大转变

进入新时代，未来城市更新需要 6 大转变。

1. 从"单一导向"向"系统综合"转变

在城市发展进入新阶段后，城市更新需要先转变思维，即树立系统性思维，改变以往单纯追求经济效益的传统思维，转向人居环境改善、生活品质提升、产城融合发展等综合性目标和复合功能提升。因此，应把城市更新作为一个系统工程进行统筹安排，不能只关注某一方面，而应该从更大尺度、更广诉求、更多维度、更多元场景出发，结合社会、企业、市民等不同维度的诉求进行。

2. 从"狂飙突进"向"循序渐进"转变

城市更新不能一哄而上，避免激进式、大规模推进，坚持"量力而行"原则，区分轻重缓急，试点先行，科学编制城市更新规划，合理确定年度工作计划，明确城市更新"任务书""项目库""时间表""路线图"，引导有序组织实施，合理控制城市更新规模，避免对城市造成不可逆的破坏。

城市更新需要转变以往"狂飙突进"的思路，不能寄希望于通过快速的更新改造就能解决老旧城区或老产业区的问题，而是要顺应城市发展规律和产业升级客观规律，给不同的群体留够发展空间。城市的有机更新需要"循序渐进、精雕细琢"，以深圳早期工业园区更新为例，如果直接一步到位将园区进行全面更新，将会对中小企业的生存空间产生巨大冲击，因为深圳上下游产业链供应链已经成熟，不考虑园区现有中小企业发展诉求，将会破坏城市的产业生态，并且这种破坏是不可逆的。

3. 从"注重物质"向"以人为本"转变

改变以往只注重建筑等物质层面改造做法，以人的诉求为出发点，积极听取市民的文化、健身、休闲等诉求，坚持以人为本，在城市更新中优化生活品质，提升综合功能，提升市民的幸福感和安全感。

4. 从"一刀切"向"因地制宜"转变

城市更新进入新发展阶段，要改变以往"一刀切"的传统做法，不同地区、不同阶段、不同类型的城市更新项目，要因地制宜、因时制宜、因人制宜，采取不同的开发逻辑、路径模式，对改造区域进行精准识别之后再更新。

5. 从"粗放建设"向"精细运营"转变

城市更新旨在提升功能，而非建设。从以往众多地区的城市更新模式来看，关注较多的是物质空间建设。通过城市更新，地产商获取了更多的土地储备，进而开发建设更多的住宅和产业空间，可以说只注重住宅销售回款，即短期的眼前利益，但忽视了长期的经营运营。

未来城市更新的内涵需要转变，遏制"地产化"趋势，从过往的物质空间改造、短期效益追求转变为人才、技术、资本等高端要素集聚和精细化管理运营，进而实现从追求"短期眼前利益"向着眼"长期运营效益"转变。

6. 从"增量扩张"向"存量更新"转变

进入存量时代后，城市建设从大规模增量扩张阶段进入存量盘活阶段，大拆大建的增量模式将转变为有机更新的存量模式。因此，住建部明确规定大规模拆除比例原则上不应大于现状总建筑面积（简称建面）的20%，更新过程中的"拆改留"将被"留改拆"模式替代，取而代之的是以保留和改造为主。

省际边缘区：如何突围发展

在中国现代化进程中，纵向看，一个"城市中国"，一个"乡土中国"；横向看，一个"中心中国"，一个"边缘中国"。"中心中国"，位居区域核心，为经济中心和发展中心，如"中心城市""城市群""都市圈""大湾区"等，近年来屡屡被提及。"边缘中国"，地处区域边缘，偏离经济中心和交通廊道，如"省际边缘区""老少边穷地区"等。

相比中心区域的"高光"，"省际边缘区"虽看似"黯淡"，但受到各层级产业政策扶持、税收减免、财政转移支付、重大设施投资等多重眷顾。可以说，即便区域协同发展起步之早、投入力度之大、覆盖范围之广、出台政策之密、颁布规划之多，边缘区依然是边缘区，根源何在？

一、窥一斑而知全豹

1. 黄河金三角区域

黄河金三角区域包括山西、陕西、河南三省交界地带的运城、临汾、渭南和三门峡四市，面积为5.78万平方千米，处于西部大开发战略和促进中部地区崛起战略的重点区域，编制了《晋陕豫黄河金三角区域合作规划》，指导和推动黄河金三角区域合作联动与一体化发展。四市多次召开晋陕豫黄河金三角市长联席会议、黄河金三角投资合作交流大会等，但未形成明确的行政主体，加上四市空间联系不畅，发展基础薄弱，缺乏龙头带动城市，区域统筹协调发展受到制约。

2. 武陵山区

武陵山区位于湖北、湖南、重庆、贵州四省市相交地带，包含四省市71个区县，集革命老区、民族地区和贫困地区于一体，是典型的"老少边穷"地区。改革开放以来，武陵山区经济社会发展加快，《武陵山片区区域发展与扶贫攻坚规划》的批复，为促进区域经济协调发展注入了新的动力。武陵山区定期召开湘鄂黔渝边区县政协工作联席会，侧重于旅游业协作发展，但是由于起点低、底子薄，顶层管理架构松散，没有形成制度化合作机制，区域协作滞后。

3. 陕甘宁革命老区

陕甘宁革命老区包括陕西、甘肃、宁夏三省8个地级市及周边9个县（市），总面积为19.2万平方千米，前身是中国共产党在土地革命时期创建的红色革命根据地。2012年《陕甘宁革命老区振兴规划》的批复，成为首个国务院批复的革命老区发展规划，为革命老区发展带来了新的机遇。随后，陕甘宁革命老区数次召开联席会议，侧重于能源产业开发合作，但是由于底子薄、条件差、基础设施建设滞后、体制机制制约明显等问题，总体发展迟缓。

4. 大别山革命老区

大别山革命老区包括湖北、河南、安徽三省10个地级市的61个区县，面积为10.86万平方千米，是土地革命时期全国第二大革命根据地——鄂豫皖革命根据地的中心区域。随着《大别山革命老区振兴发展规划》的批复，老区区域协调发展迎来新契机，安徽、河南、湖北分别出台《大别山革命老区振兴发展规划实施方案》《加快大别山革命老区振兴发展工作要点》等文件，在基础设施、产业、生态保护等领域，积极推动区域协作，但由于缺乏具体实施主体，振兴发展仅停留于政策层面，经济社会发展仍然滞后于周边区域。

二、他山之石，可以攻玉

1. 环阿尔卑斯山

阿尔卑斯山脉位于欧洲中南部，是欧洲最大的山脉，平均海拔为3000米，莱茵河、多瑙河等均发源于此。法国、意大利、瑞士等国是阿尔卑斯山的主要资源国。环阿尔卑斯山各国在欧盟委员会和申根协定框架下加强区域协作，通过政府和各类组织合作，形成制度化合作机制，共建环阿尔卑斯山交通基础设施。各国根据不同的资源特点，聚焦顶端品牌项目，发展国际赛事、高山滑雪、极限运动、国际论坛、休闲度假、生态疗养等高端产业业态，延伸产业链条，构建环阿尔卑斯山产业生态圈。

2. 大香格里拉

大香格里拉地处四川、云南、西藏三省区接合部，是川、滇、藏大三角区，在这个片区有独特的康巴文化。在原国家旅游局的指导下，云南、四川、西藏共建中国大香格里拉文化旅游推广联盟，重点打造推广"大香格里拉"世界级品牌，并投资建设香格里拉机场、丽江机场、稻城亚丁机场等对外门户，提升大理、丽江等旅游核心节点，打造玉龙雪山、稻城亚丁、泸沽湖等引爆性旅游项目，"以点串线、以线成面"，开辟多条精品旅游环线，成为国内最活跃的旅游市场之一。中国大香格里拉文化旅游推广联盟联席会定期召开，持续加强区域资源共享、协同并进，实现区域合作。

3. 长三角生态绿色一体化发展示范区

长三角生态绿色一体化发展示范区包括上海青浦、苏州吴江、嘉兴嘉善，面积约2300平方千米。该示范区可以说是长三角一体化的2.0版本，原本覆盖范围过大，从"两省一市"到"三省一市"，后来为快速推动一体化，战略转向G60科创走廊，随后更加精准聚焦至"青吴嘉"两区一县，范围更加明确，政策举措、行动计划更加聚焦。

该示范区设立理事会和执行委员会，理事长由两省一市常务副省（市）长轮值，执行委员会由两省一市优秀干部担任主要领导，作为示范区开发建设管理机构，推动具体工作的实施落地，从规划管理、生态保护、土地管理、项目准入、要素流动、公共服务、基础设施等各个领域全方位高效率推动一体化发展。

三、鉴往知来

1. 尊重区域阶段规律，切忌"一蹴而就"

纵观以上区域案例，可以发现区域协作是一项系统性工程，具有明显的阶段演进规律，不同阶段具有不同的发展特征，不可能一蹴而就，如果省际边缘区寄希望在短期内达成区域协同发展，反倒事倍功半（见表2-3）。

表2-3　省际边缘区区域协作阶段性演进规律

阶段	代表案例	布局特征	顶层架构	核心驱动力	空间载体	行政主体	体制机制
初始阶段	陕甘宁革命老区、武陵山区	低水平离散	松散型区域协作组织架构	弱行政驱动（侧重于个别部门和领域）	全域	无明确行政主体	部门联席会议
起步阶段	黄河金三角区域、大别山革命老区	低水平协作	松散型区域协作组织架构	强行政驱动	全域	无明确行政主体	主政领导联席会议
完善阶段	大香格里拉	点轴式带状布局	国家层面顶层推动构建区域协作联盟	市场驱动	核心节点及局部区域	有决策机构但无具体执行实施机构	相对完善的议事决策机制
成熟阶段	长三角生态绿色一体化发展示范区	高水平聚焦	"决策机构+执行机构+市场运作"顶层架构	"行政+市场"双轮驱动	示范区、先行启动区	明确的决策机构和明确的执行实施机构	制度化、常态化、全方位的体制机制

2. 聚焦核心功能载体，不能"贪大求全"

区域合作的空间范围动辄覆盖多省，面积过大、范围不明、贪大求全，导致省际边缘区发展迟缓，成效甚微；相反，如果区域合作的空间载体更加明确，如长三角生态绿色一体化发展示范区作为长三角一体化的先行示范区，则能够有的放矢，涉及领域更加聚焦，协作政策更加精准。

3. 因时制宜、因地制宜，切勿"削足适履"

在不同的发展时期，不同省际边缘区的区域协作具有不同的动力，因此应因时制宜、因地制宜，选取符合自身发展实际的区域协作发展模式和机制。

4. 确定行政实施主体，避免"重决策、轻落实"

对于大多数省际边缘区来说，虽已初步形成了上层管理机构，侧重于全局性决策、战略性谋划、蓝图式规划等事务，但对于具体操作、落地实施等层面工作却缺乏实操主体，不利于推进区域协作，因此应明确具体的实施主体，以及任务书、时间表、路线图。

5. 精准谋划重大项目，不可"本末倒置"

区域协作较为成功的区域，往往具有强烈的项目谋划意识，如长三角生态绿色一体化发展示范区和大香格里拉等，通过精准务实，深度谋划重大项目，形成重大战略项目库，通过重大建设项目引爆区域协作发展，方能实现对边缘的突破。

四、启示与反思

1. 强化顶层设计，搭建"紧密高效"新架构

打破以往松散型顶层管理架构，加强顶层设计，建立功能完善的区域合作组织，搭建"决策机构 + 执行机构 + 市场运作"紧密型顶层架构，加强战略性布局、整体性推进。

2. 明确行政主体，展现"中流砥柱"新担当

转变以往"重战略决策、轻执行落实""头重脚轻"的观念，成立区域协调执行机构（或办公室），从各省市选拔优秀干部担任核心职务，将

区域协作各项具体事宜稳步推进、落到实处。

3. 明确空间载体，构建"标杆引领"新格局

扭转以往"全面推进、主次不分"的思路，不贪大求全，明确区域协作空间实体范围，聚焦核心功能载体，率先启动、先行先试，整合人才、资金、政策、土地等各类保障要素，先行先试"立标杆、树样板"，打造省际边缘区的"特区""标杆""试验田"，示范带动区域整体发展。

4. 培育参与主体，凝聚"多方参与"新力量

基于区域协调中不同类型参与者的发展需求，设立干部学院、企业家商学院、农民职业学院。不断提高领导干部治理能力；培育具有全球眼光、国际思维的企业家，而非企业主；培育"懂技术、善经营"的新型职业农民。

5. 创新体制机制，建立"制度化、常态化"新机制

突破以往"重物质层面、轻制度建设"的思维，推动政府、企业、社会组织和公众共同参与区域协调，建立制度化、全方位、有效管用、科学完整的议事决策机制和执行机制。

6. 筑牢战略抓手，开启"深度协作"新篇章

改变以往区域协作中"面面俱到、包罗万象"的做法，积极谋划、策划、规划一批切实可行的重大项目，以重大项目为战略行动抓手，稳扎稳打，推进区域协作。

南北发展的底层逻辑

关于南北经济差距的讨论很多，但我认为就经济谈经济、就差距谈差距，意义不大。

首先，南北经济差距早已有之。从长时段来看，自唐以来，尤其自宋之后，中国经济重心就已开始南移。改革开放近四十年来，经济重心南移速度进一步加快。

其次，经济差距只是表象，单纯纠结表象并不能解决根本问题。南北方之间的经济差距只是表象，更是一种结果，影响经济发展的因素很多，如果仅就表象谈表象，无法解决根本问题。同时，经济差距，只是南北众多差距之一。

最后，提及南北经济差距的原因，很多人会想到气候、环境、区位、交通、发展阶段等诸多因素。当然，这些客观因素固然重要，但我认为核心还在于人的差别，尤其是思维、观念和意识方面的差别。

自改革开放以来，伴随着轰轰烈烈的高速工业化和城镇化，大量人口由北方地区向南方沿海地区迁移，尤其是大量的求学移民。

无论是国内还是国外，凡是发达地区和城市，移民都占人口的很大比例，大量优秀移民的多元集聚，激发了活力和创新力。无论是长三角，还是珠三角，之所以发展得如此之快，很大程度上得益于来自全国甚至海外的大量优秀外来人才的注入，最为典型的莫过于深圳和上海。

古语讲，"天时不如地利，地利不如人和"，多年从事区域和城市规划工作的我深切体会到，每个地区、每座城市实际上没有绝对的优势，更没有绝对的劣势，关键在于思维和观念，尤其是否具备战略思维。近年来，北方内陆地区也开始意识到人才的重要性，一方面积极呼吁国家加强对教育，尤其是高等教育资源的倾斜，另一方面踊跃加入"抢人"大战，通过出台各类优惠政策，也取得了一定成果。

我认为，缩短南北差距，除进一步深化改革、扩大开放外，核心在于抓住"关键少数"，也就是干部队伍，尤其是主要领导。国家很早就意识到了这一点，近年来逐步加大省级层面的沿海与内地、南北方之间的跨地区流动，取得丰硕成果。以河南为例，近几任领导全部来自南方沿海地区。除此之外，我认为还应该重视市县甚至基层科级干部队伍的建设。

回顾多年发展可以看出，中国取得经济奇迹的背后，"市管县"体制功不可没。毕竟，上级管决策，市县抓落实。再好的战略、再科学的决策，都要靠市县级甚至科级落实和执行。的确，回看改革开放历程，长三角、珠三角地区之所以能够取得如此巨大的成就，很大程度上得益于一批批百强市、百强县和千强镇，而这些强市、强县和强镇背后都有一批批精明强干的市县级领导以及朝气蓬勃、干事创业的良好政治生态和营商环境。与此对应，大凡落后地区，无论是地市，还是县，发展都很滞后，大部分原因在于，多数市县级领导水平有待提升，尤其是市县级政商环境有待改善。

欲改变南北经济差距，不仅在于改变生产力空间布局，更应该从人才开始，尤其是关键少数的干部队伍。除在省级层面多加强南北方、沿海与内地之间的流动外，还应该积极推进市县级甚至科级层面干部的跨地区流动。

县域治理的底层逻辑

郡县治，天下安！

一、为何谈县

县域在中国改革开放过程中起到了至关重要的作用，以县为代表的竞争型地方政府体制是创造中国奇迹的真正奥秘。

县域在中国扮演了很特别的角色，其地位和发展路径也很奇特。一方面，各界形成共识，即县是中国最稳固的基本行政单元，被认为是国之根基、国家治理的基础；另一方面，虽然我国并未召开过关于县域的高级别会议，但"壮大县域经济"得到了省市、地方和市场的积极响应，县域经济持续释放强劲动力，实际效果远超预期。

二、县域区划调整"三问"

县域区划调整，也就是通常所说的撤县设区、省直管。自20世纪80年代市管县体制形成以来，县级层面的区划调整一直没有停止过。从撤县改市、撤县设区，到省直管，县域行政区划调整史可以映照改革开放史。省直管最早在海南、浙江开始探索，取得了较好成效，引来各地效仿；撤县设区，则是在各省、直辖市全面铺开，其中，广东、江苏力度大，成效显著。其中有两处中国特色：一是"市带县"的竞争型地方政府体制；二是行政区划调整。

2009 年，国家明确指出"推进省直接管理县（市）财政体制改革"，到 2012 年底，"省直管县"财政改革在除民族自治地区外全面推广。近年来，中央提出，优化行政层级和行政区划设置，有条件的地方探索省直管县改革。自"市带县"体制形成，至今 30 多年，为何又要调整，实际上涉及以下三个问题。

1. "市带县"体制是否已过时

当前存在的普遍倾向是，全面推进区划调整，全盘否定"市带县"体制。将区域经济发展滞后、县域发展落后问题都归结为"市带县"体制，聚焦于"市吃县""市压县"等方面。诚然，"市带县"体制存在诸多问题，但必须承认，正是得益于该体制，使得短短 40 年间成长起一大批大中城市，集聚大量的人口、形成较为雄厚的产业基础，更有力地参与了国际和区域竞争。该体制有力地整合了区域内要素禀赋，带动了整体发展。对于正处于转型期的我国来说，这种体制具有很强的生命力和存在的必要，不可全盘否定。

2. 区划调整能否真正带动县域经济发展

推进区划调整改革的一条逻辑主线是，县域经济发展受限主要在于县域财权和事权受限，因此要推动强县扩权和省直管，尤其是财政省直管。要肯定的一点是，在市场经济逐步放开的当下，政府简政放权、机构扁平化是总体趋势，县级层面强县扩权是未来的必然。但实际情况是，广东、浙江、江苏等推进成功的经验，在中西部省份如河南、安徽的成效并非十分显著，即使广东、江苏、浙江等省也照样存在诸多问题。同时，一些并未纳入省直管的县市，发展反倒更为强劲。影响县域发展的因素多样，尤其是核心领导和政治生态，区划调整未必是县域经济发展的唯一良药，也未必全部适用。

3. 中国区域经济发展的根本动力是什么

当前地方发展面临的矛盾，一方面是纵向上的省—市—县之间的，另一方面是横向上部门之间的掣肘，同时，更隐蔽但影响更广的则是县与乡镇之间的权责博弈。此外，还需要指出的是，在推进省直管的县市，由于相应的政府事权、部门事权、乡镇事权、干部跨区交流等配套制度设计的相对缺失或滞后，出现地方的掣肘和抵触，使得改革成效大打折扣。

实际上，当区域大力推动区划调整之时，已经先入为主地掺杂了计划色彩。省直管和撤县设区表面上是针对市和县之间财权与事权的博弈，进一步是市和县发展权和优先权之争，再进一步则是应对发展动力缺乏的内生与外生博弈、应对发展效率低下的计划与市场博弈、应对决策权缺失的自上而下与自下而上博弈。归根到底，中国未来区域经济发展的成败一方面取决于在政府与市场之间建立合理的机制，另一方面取决于能否构建合理的区域城市功能体系。

三、3大空间尺度

1. 区域尺度

纵观长三角、粤港澳大湾区、京津冀3大城市群发展历程，以县域空间为单元，可以明显看出县域经济优劣是衡量城市群发育程度的绝佳视角。区域可持续发展应基于发达县域经济单元逐次演替，长三角集中众多全国百强县便是最好的例证。长三角发展后劲强于珠三角、京津冀；中心城市极化作用及竞争力优于北京、广州、深圳，正在于强大的县域经济基本细胞单元组成强健的体魄，丰厚的沃土提供充沛的营养。

珠三角、长三角的强劲发展势头，在很大程度上得益于合理的区域空间功能体系，其发展历程实则是省—市—县三级空间单元相互博弈演替的过程，尤其是省、市对于县域空间的争夺，进一步印证了区域是具有生命力的有机体，具备鲜明的生命体征及生命周期，不同阶段需要相应的空间治理手段。

以河南为例，近几十年来县域经济空间演进有力地支撑了该理论假说，百强县集中区域正是中心城市实力最强劲的、经济最具活力的区域；反之亦然。该种倾向必须改变，应以空间分类政策引导，核心圈层内强调中心极化，做大做强中心城区；外部圈层则应强化扩权强县、省直管，削减中心城区规模指标及对县域空间资源的低效掠夺。具体来说，对于核心圈层，关键问题是如何实现中心极化、都市区一体化，相应地，撤县改区是必然；而对于外部圈层，尤其是三山一滩、黄淮四市地区，尚处于区域发展初级阶段，核心在于强县扩权、省直管，而非拔苗助长中心市区、榨取县域活力，空间政策制定切忌"一刀切"。

2. 县域尺度

以县域空间内部微观视角审视，能清晰地看出一条主线：所谓不同的县域经济模式，实则若干特色镇域产业集群与城区产业集聚有机耦合，与其说是县域经济，不如说是特色镇域经济。

未来县域经济的发展核心在于"3大抓手"：县城产业集聚与特色镇域产业集群培育、县城与特色镇域空间格局构建、村庄人口流动畅通机制保障。在此过程中，需要正确处理以下关系：农业产业化与工业化的关系、主导产业发展与产业多元化的关系、引进外资与利用民间资金的关系、向政府要钱与向市场要钱的关系、营造良好环境与提升县域形象的关系。

县域经济发展大多基于资源、区位、产业、企业或村民自发发展、集聚、转型、提升而来。规划只是在发展达到一定程度之后适当加以规范化，尚未出现从无到有的新型县域经济形态和空间实体。不同模式间最大的区别在于发展理念的不同，这是学习和总结不同模式的核心。必须清醒地认识到，任何一种模式都并非完美，不能简单机械套用。任何一个县域经济模式都不是单一的，而是多种模式的综合，关键是因地制宜，选取主导发展模式，同时借鉴学习其他模式的合理理念与方式，融入地方实际发展过程之中，最终实现各县域的科学合理可持续发展。

当前众多县市制定的产业发展战略，动辄构建高大上、大而全的现代产业体系，实则伪命题，在有限的县域空间尺度中，很难甚至不可能构建完整的产业体系，尤其对于中西部县市而言。促进发展，并非唯有引进，对地方传统工业更非一味扬弃，而应空间重构、产品再造，需充分认识转型并非一定升级、一蹴而就，而是更专、更精、更细，打造地方根植性产业集群任重道远。

当前关于县域经济与城镇化发展成功模式的总结不胜枚举，当多数人的目光专注于成功县市的聚光灯下时，更需要对曾经的明星县市的衰落进行反思。成功的理由千万种，失败的原因仅一条，成功经验固然重要，县域衰退的例子更具警醒意义。

3. 乡村尺度

当前众多县域经济发展正在从以乡村为依托、以农业和农村经济为主体的传统县域经济，向以县城和中心镇为依托、以非农经济为主导，一二三产业协调发展的新型县域经济转变。

必须清醒意识到，乡村地区城镇化是渐进过程，而非一蹴而就。乡村人口向城镇转移是必然的，但乡村不可能消亡，过渡至一定阶段将会达到长久动态平衡状态。中西部地区乡村振兴更是一个阶段性持续渐进过程，而非蓝图式、跳跃式；重在判定不同阶段、解决不同时期的核心问题，从而逐步实现的过程。"蓝图式"乡村规划需向"行动式"乡村计划转型，以近期行动计划形式定期滚动编制，强调公众参与，相比描绘长远蓝图，解决当前问题及村民诉求更具实际意义。

四、回归基本逻辑

1. 有顶层设计，更要有系统设计

任何政策的实施和推动，不能仅停留于顶层设计，底层的系统化制度设计更为重要；不能只停留于财权的权属，还需要政府事权、部门事权、干部跨区交流、差异化的政绩考核等配套政策的详细而具体的设计，并且要区分不同地区之间的差异，从而真正取得实效。

2. 强化治理、弱化管理，强化市场、弱化计划

区划调整本身就是政府应对市场的一种调节手段，具有典型的计划色

彩。众多县域改革侧面反映的是政府对市场的强力干预，反而心有余而力不足，如产业集聚区、城市新区、两区等，反倒是如蓝城、田园东方等市场力量推动的产业新城、特色小镇、田园综合体等风生水起。由主导型政府向服务型政府转变，由计划向市场、由管理向治理转变将是趋势。

3. 既要自上而下，又要自下而上

向上理顺与省市的关系、财权和事权，更要向下，一方面跟进乡镇增权，另一方面调动县域内部积极性，增加局委领导内部及跨区域的交流升迁机会。同时，尤其需要考虑核心领导对地方发展的重要意义，既要考虑厅级以上领导的跨地区交流，也要考虑县处级和镇科级领导的跨地区交流，还可以考虑省直管县体制，县委书记和乡镇书记从沿海和发达地区空降，从而带动地区发展。

4. 因地制宜，因时制宜

不能"一刀切"、一蹴而就，更不可因噎废食，应该因地制宜、因时制宜，逐步推进。"一刀切"式的全部推进，太过冒进不可取；脱离发展阶段，不分主次、本末倒置的同样不可取。不能只看到浙江、江苏和广东的县市改革，更应该从整体发展背景来看，适应不同经济社会的发展阶段。脱离了阶段，再好的制度和政策设计都会大打折扣。任何区域大致都经过低水平均衡—极化—高水平均衡的发展阶段。

5. 中心极化，强市扩区，强县扩权，撤乡并镇，强村富民

对于当前及未来一段时期的中国各地区，尤其是中西部地区，应该形成机制，促进省会城市和区域中心城市的快速集聚和极化，尽快促进省会城市和地级市周边有条件的县市进行撤县设区；积极推进强县扩权，审慎推动省直管；积极推进撤乡并镇。尤其是在推动"三权分置"的同时，更需要着力进行村集体增权和赋权的制度探索。目前一味强调"三权分置"，过分强调村民权益，弱化村集体权益，很有可能使改革事与愿违。唯有强有力的村集体，才有强村富民的实现，进而自下而上地促进镇域、县域和区域的整体发展。

6. 了解县情，更要掌握县域思维

区划调整只是手段，不是目的。县的广域型特征，注定与城市型地域特征不同。要发展县域经济，要先掌握县域核心特征，尤其要抓住三项核心工作：发展、稳定、巩固政权；注重四项核心要素：一是强有力的领导，尤其是主政者，要有先进的理念与战略眼光；二是良好的政治生态，只求表面一团和气但不求发展不可取；三是良好的营商环境与民营经济活力，民营经济是县域经济发展的根本动力；四是良好的政策机遇和外部环境。

古镇文旅开发的底层逻辑

喧嚣过后，一地鸡毛！

中国自进入文旅大时代后，历史古镇、传统村落身价陡然倍增，古镇热、古村热。然而，潮水来得快，去得也快。真正经得起历史考验的，依然是那些少数派。

每个历史文化名城（镇）由于形成历史、所处区域、历史价值等方面的差异，使得各自沿着不同的模式发展。然而，在不同的模式之中还存在一些共同之处，值得学习与借鉴。通过对取得成功的相关历史城镇的文旅发展历程进行分析，概括起来，古镇文旅开发想要成功，至少需要把握以下 10 大关键点。

一、追求完美皆为妄念

理想模式只存在于教科书中。任何一种发展路径都有其形成的特定原因，以及自身的优越性和局限性，要辩证来看，不能削足适履、机械模仿和盲从。要结合当地实际找出适合自身发展的道路，这是各地区特别是决策者在制定文旅发展战略时应该明晰的核心。

二、模式打磨不可能一蹴而就

任何模式的寻找与创造都是一个探索的过程，应该用发展的眼光来看，分阶段分步骤进行，不能急功近利、贪大求全。利用国家及省市地方开发文旅产业的政策优势，同时结合申报省级、国家级历史文化名城（镇、村）的机遇，抓好基础设施建设，做好古城（镇）资源清查与保护工作。明晰地方各处的产权，对古城（镇）进行分级管理，如可以将古城（镇）历史建筑街区按其价值规划出一级保护区（绝对保护区）、二级保护区（重点保护区）、三级保护区（一般保护区）、古城（镇）保护区（区域控制区），根据区域的不同，合理配置不同的功能。选定有一定发展基础与能尽快产生效益的重点区域优先开发，从而带动整个区域的开发，还可以为吸引投资或者整个区域的经营权转让增加砝码。

在文旅开发过程中，应严格控制和规范古城（镇）的商业活动，合理控制游客数量，与古城（镇）氛围不协调的商业行为应全部规划在核心区以外。保护古城（镇）居民的居住活动，对古城（镇）的重点房屋建档挂牌，向房主发放补助金；经常开展名镇意识、遗产意识宣传教育活动。

三、市场化运营是主流

市场化运营是文旅产业发展到特定阶段的产物。就目前的情况看，旅游景区市场化运作的改革之路是正确的。随着我国经济改革和转型的深入，以及地方发展文旅经济的需要，我国旅游景区的产权制度和管理体制的改革必将进一步展开，旅游景区的市场化运作势在必行。但是该种模式并非十全十美，不能盲从，要结合自身实际情况，找出适合自己的发展道路。在地方财政投入有限的情况下，通过旅游景区经营权的有偿转让，让有经济实力和管理能力的企业来经营一些风景区，对于我国中西部边远地区发展旅游经济是有效的途径之一。只要制度安排合理，监督管理措施得力，旅游景区市场化经营过程中的一些风险和负面影响就会在一定程度上得到有效控制，甚至是完全可以避免的。

四、主题化开发是核心

树立主题化开发理念：通过主题历史城镇的建设，树立在区域大形象中的独特形象。值得注意的是，主题并非仅仅是单一主题，也可以是一个或几个主题的组合。目前，古镇文旅开发中普遍存在的一个问题就是古镇之间特别是同一区域内的古镇之间共性明显，自身特征区别较小。作为拥有悠久历史、区域特色明显的古镇，如何在众多的古镇文旅开发热潮中脱颖而出，实行主题化开发是一个比较明智的选择，即实行主题城镇的发展。把整个古镇作为一个整体来开发，先提出一个主题，根据主题公园的理念来开发经营，结合古镇的历史文脉与特色等，将城区内的居民、建筑、氛围化为一种景观，给予游客在古镇中的上佳体验。

五、产品思维是关键

古镇文旅发展过程中，应大力挖掘当地历史文化与民俗风情资源内涵，丰富产品，提升古镇文旅产品品位。古镇文旅的形式和内容多种多样，从观光到度假、娱乐、休闲，再到考察、研究、交流、摄影等。只有这样，才能使古镇文旅多姿多彩，具有很强的吸引力和生命力。从理论上分析，古镇文旅的类型是存在梯层结构的，在时序上呈现由低到高、由浅到深的发展趋势，以文化为主要内涵的体验旅游是古镇旅游的最高层次。

同时，历史城镇的旅游并不是要禁止商业化，而是要控制过度商业化，寻求传统与旅游商品的最佳契合点。旅游商品销售是旅游业收入的重要组成部分，文旅商品销售与古镇文旅的开发和保护不存在本质上的冲突，其关键在于如何在商品销售中融入古镇特有的文化气息。

因此，古镇文旅产品的开发要求开发者进行准确的规划、协调，根据每个古镇的特点，大力发展有地方韵味、反映各地风土人情的旅游商品。这样不仅能够丰富古镇文旅产品内容，提升古镇文旅产品质量，丰富游客体验，同时，可以促进当地居民参与文旅开发，增加就业，带动经济的发展，提高当地居民参与文旅建设的积极性，从而促进旅游的可持续发展。

六、保护先行是要诀

文旅开发过程中，应注重对历史文化遗存的保护。文旅是文化性很强的经济活动，遗产地则是历史文化的遗存，文旅和遗产地在文化上的天然联系，决定了两者必须有效结合。发展文旅是弘扬遗产地价值并为保护遗产地提供经济支撑的重要途径，而利用遗产地则是发展文旅的一个重要资源渠道，两者是协调统一的。对于历史遗存的保护，并不仅仅是对遗址遗迹的原样保护、修旧如旧，更要注重历史传统的保护和文脉的延续。正如丽江、江南水乡古镇之所以有如此强的吸引力，不仅仅由于小桥、流水，更在于生活在那里的人家，这样的文化才是鲜活的，才是真正有魅力的。只有充分调动起居民保护古镇的积极性，让其能够从文旅发展中得到相应的收益，并且乐于生活在世代居住的古镇，为自己的古镇与文化传统感到自豪，古镇的意蕴与文脉才能真正延续下去。

七、新旧分区是铁律

在古城（镇）的发展过程中继续按照新旧分区的格局，在加快新城（镇）区建设的同时，也要完善古城（镇）区的相关功能，改善相关设施，为文旅发展服务，更要满足当地居民的生活需要，这也是文旅发展的最终目的。社区居民既作为其中的主人翁又是文旅业的实际参与者，应从中获取利益。通过对社区居民的教育培训让其参与文旅建设并从文旅发展中获得收益。

八、区域融合是法宝

古镇文旅开发过程中，要注重结合区域旅游的发展，实现与周边景区共赢。通过目前的研究发现，即便是丽江、周庄、凤凰等高品位的历史古镇，在文旅开发与市场营销等过程中都不是单个进行的，而是与周边景区在开发、线路整合、市场营销、形象塑造等过程中的不同程度的联合，从而实现了共赢。这也符合旅游学中的旅游时间比理论，只有旅游地能够提供一定量的旅游活动时间与活动内容，才能够吸引大量游客的到来。因此，在文旅开发之初的项目选择、市场分析，以及产品开发与营销过程中都要注意区域的融合。

九、制度建设要先行

合理规避经营风险。首先，发挥政府的主导作用，各主管部门应严格依照历史文化名城保护规划与历史城镇文旅发展规划，同时依据相关政策法规与管理条例、转让合同、协议等，规范政府部门、文旅投资商等的开发经营行为；其次，可考虑建立起由人大、政协和当地居民代表组成的社会监督组织评估机制，形成社会监督组织及对政府和文旅企业的有效约束监督链；最后，有必要建立科学的利益协调与整合机制，充分挖掘旅游地各主体的利益共同点和平衡点，形成良好的利益互动，以调动各方的积极性，最终促使文旅企业的利益与旅游地其他主体的利益统一于旅游地社区的经济、文化和环境的可持续发展之中。

十、社区参与不可少

政府和企业应进一步完善社区居民参与机制，广泛吸纳当地居民的意见，切实处理好各利益主体之间的关系。为此，政府和企业要提高其行为的公开度和透明度，对景区经营中重要项目的审批建设以及影响居民利益的开发经营行为实行公示制，以发挥社区居民的监督作用，增强文旅项目建设和环保措施的合理性和社会可接受性；有必要建立目的地居民关于区域文旅业发展的代言机构，从而实现公平对话，保证居民对文旅业发展的决策拥有发言权，从而有效防范文旅业发展的负面影响；应有针对性地开展文旅发展意识、文旅就业技能等方面的教育与培训，全方位提高居民的参与意识和参与能力，使其积极主动地适应区域文旅业发展。

乡村振兴的底层逻辑

"方宅十余亩，草屋八九间。榆柳荫后檐，桃李罗堂前。暧暧远人村，依依墟里烟。"这是陶渊明的田园。

"半亩方塘一鉴开，天光云影共徘徊。问渠那得清如许，为有源头活水来。"这是朱熹的田园。

回归田园，是国人的向往！

一、乡村新趋势

如今，国家提出乡村振兴，正是为国人重新找回久违的乡村田园风光和生活。毫无疑问，乡村振兴的确进入了一个前所未有的战略机遇期，但我们在谈论乡村振兴战略时不能仅就乡村振兴谈乡村振兴，而应有系统性和全局性思维。

同样是"三农"问题，新时代的"三农"与传统的"三农"却存在极大差别。经过近四十年的发展，农业产业形态已经由原来小农经济的传统农业逐步向各类新型业态转变，如农业自身的产业化、规模化、特色化、品牌化等，围绕农业的农家乐、民宿、田园综合体、乡村度假、休闲养生、农业品牌；农产品则遵循"无公害化—绿色化—有机化—品牌化"逐步演化；农民群体也在发生变化，原居民——第一代农民工（"50后"）——第二代农民工（"60后""70后"）——第三代农民工（"80后""90后""00后"），与农业、农村的关系、观念也在变化，归属意识逐步淡薄，农村社会正逐步由传统熟人社会向现代社区化社会转型；生产也在逐步变化：人力、自然力—机械化—大型机械化—信息化、产业化、智能化；经营主体和经营模式也在逐步发生变化。总之，依照传统农业社会的宗族化、行政化或者部分地区的强人管理模式已经不能适应新时代农业农村发展实际，所以需要采用新的乡村治理模式，由传统的乡村管理向乡村治理转变，尤其强调自治、法治、德治相结合的乡村治理体系。

二、常识与误区，一步之遥

1. 理论建构滞后VS实践探索超前

　　基于城市化的成熟理论和实践，以及国内外的丰富案例，城市化作为现代化的产物，具有国际通用性。而乡村振兴作为典型的逆城镇化趋势，更加具有多元和不确定性。当前，各类实践的前后不一致和拿特例当一般、过分地产化、旅游化等现状，以及各类概念的轮番频繁更替，充分暴露出理论界和实践层面的理论研究的滞后性。

　　乡村发展规律与城市发展规律的最大区别在于，城市是基于工业化和现代服务业发展的，加之巨量人口基础上的巨型空间系统，能相对独立于外部空间，而乡村的人口规模较小，尤其是基于农业的系统，注定了村庄一定是由农田和外部的生态环境组成的人居环境系统，且不可独立于外部环境系统，以往的乡村规划只是村庄自身的物质规划。美丽乡村建设的项目制行动规划与政策资金挂钩的方式，相比以往是巨大的进步，田园综合体实现村庄与农田农业的组合又是一大进步。未来的主题板块化或区域经济空间单元或生活圈空间单元也许是更大的进步，但不同地区如何界定空间单元尺度大小是关键。

　　我国当前的乡村振兴理论原本是用于指导实践的，但现实恰恰相反，理论被动地跟着实践走，甚至在某种程度上出现理论拖累甚至误导实践的现象，最典型的莫过于围绕大农业和小农业长达数十年的论战。所谓的"一村一品"源于日本，"新农村建设"源于韩国，规模化农业源于美国，几乎可以说全是舶来品。盲目崇洋媚外的实质是缺乏道路自信。同时，源自国内的实践方面，从历史上看，家庭联产承包责任制、村集体企业等制度或组织创新都来源于自下而上的实践。而现在有些理论研究缺乏根植于历史演进脉络梳理、经济社会规律探索、地方实践经验总结等全面系统、真正意义上的理论体系建构，没有抓住乡村发展的真正规律和本质。

此外，理论缺失的另一个重要方面就是乡村规划的短板，突出地表现在很多自发成长的村庄优于经过规划的村庄，编制乡村特色的规划实际上仍是套用城市规划的模板和套路，如在一定程度上导致了千村一面等问题。

2. 小历史 VS 大历史

城市根植于工业文明，乡村则根植于农业文明，因此，谈论乡村必不可脱离农业文明的演进脉络。稍加梳理就会发现，乡村地区发展从未脱离土地制度、产权关系、技术变革、生产关系、空间组织、文化传承等因素，而且内在有一定的演进逻辑、脉络和规律，存在某种程度上的类似性和历史延续性。

尤其近百年，时代变迁、制度变革、实践探索、经验积累都异常丰富，亟须认真总结和汲取有益经验和理论提升，但当前集中于改革开放至今近四十年的"切片式"研究，鲜有对于更早的乡村建设研究，甚至对我党在土地革命时期、新中国成立前后、改革开放前所进行的一系列土地制度改革、农业发展、乡村建设和治理等方面的探索也缺乏系统深入的梳理和研究。乡村振兴必然离不开中国几千年农业社会的变迁，尤其离不开近代社会乡村和土地制度的变迁，只有系统梳理清楚这一脉络，以史为鉴。

谈论乡村振兴必须有大历史观和大格局观，从整体来看，新中国成立伊始奠定了乡村设施基础和制度基础，以及中国经济和工业体系的雄厚基础。改革开放之初的乡村探索优化了制度和奠定了城市化进程的要素基础，21世纪初的新农村建设奠定了农村设施基础。新时代的乡村振兴则顺应社会基本矛盾变化和激发乡村地区内在活力，助力城乡融合发展。从个体来看，土地革命时期的土地制度探索，以人身自由和生存需求为根本宗旨；

改革开放至今的探索则是基于社会基本矛盾内容变化的内在要求，这也符合马斯洛的需求层次论。

更进一步说，在大历史观下，当前国内所学的日韩乡村制度在很大程度上来自中国历史中的行政建制、治理范式、文化传承。我们当前过分迷恋于学习国外，缺乏自我反思和学习，尤其是向历史和经验学习、总结与反思。

3. 过分强化乡村治理下的"集体属性"VS过分弱化乡村经营下的"公司属性"

自封建宗族化社会到人民公社再到村民自治，从村庄管理到乡村治理，随着时间推移，对乡村的认识在逐步深化。然而，必须承认的一个客观现实是，随着城镇化冲击的到来，原有的村集体式微、乡村社会架构面临解构，既有的组织逐渐松散、管理逐渐滞后，即使在普遍强化乡村治理的情况下，这种局面并未得到根本改观，亟须改变。实际上，除熟知的熟人社会、血缘关系、宗族社会外，乡村还有一个最大的特点——天然的"公司化"松散经济体，具有天然的公司属性，如集体股权、公司化氛围、管理阶层、自组织，明显区别于城市。

梳理我国乡村社会发展历程，可以清晰地看出所谓的村庄发展或乡村振兴过程，就是一条自觉或不自觉地遵循着"公司化治理"的历史逻辑而演变的轨迹。同样是村集体经济，由计划色彩到异化的或者过渡型村集体经济，再到完全市场化，这实质上就是公司股权结构的演变，典型如小岗村、华西村（20 世纪 70 年代）、南街村（20 世纪 80 年代）到当代华西村，再到袁家村、鲁家村、无锡田园东方、郝堂村、三瓜公社等皆是如此。其中形成鲜明对比的莫过于华西村和南街村。诚然，作为昔日的代表，华西村和南街村都有各自的局限性和弊端，但放在当今，依然有其诸多成功借鉴的意义。华西村发展几十年，势头依然相对强劲，固然有其标杆效应和区位等优势，但自身经营和治理能力的现代化则是决定性因素，同样，南街村虽然由于公司经营和公司治理相对滞后，但带动了临颍县域休闲食品主导产业的发展。

4. 依赖土地"三权分置"的灵丹妙药效应VS忽略土地财政红利逐渐远去的现实

当前存在的普遍共识是，乡村振兴的核心在于制度创新，而制度创新的核心在于土地制度创新，其中最为关键的就是推动土地"三权分置"，好似只要完成土地"三权分置"就能够立刻实现所有的乡村振兴，因此，在实际推动过程中过分注重前端确权而忽略后端运营。这里存在两个巨大的误区，其一，仍是基于过往的"土地财政"思维。以往的土地"三权分置"之所以需求旺盛，是基于土地财政为主导的政府财政发展模式和增量型城镇化时代的必然产物，但随着由增量型向存量型转变，甚至某些地区出现减量型，如部分地区的"空城"和遍布县城的产业园区和新区空置，需要进行重新运营和去库存消化存量，加之之前的城镇规划所确定的城市建设用地总量，反倒是城镇地区的建设用地指标过量，需要各地之间进行跨行政区交易，随着未来进入存量甚至部分地区的减量时代来临，过往的靠土地交易能否持续存在不确定性。其二，错将资产等同于资本，资产本身不产生价值，只有成为资本才能真正创造价值，而当前乡村地区最大的窘境是，有资产与无实际资产代言人，更无资产运营人，确权之后有资产有权益人，但是没有真正有能力的能够实现资产升值的人。

依照前述的乡村"公司化属性"分析，"三权分置"只是完成了乡村土地进入市场的门槛，只是实现了土地进入市场交易，走出"万里长征的第一步"，交易之后如何发展才是真正的主题，真正的挑战在于后端的运营。各地乡村进入了同一起跑线，之后的竞争会更加激烈，如何实现资产增值和运营是最大的挑战。而且按照市场价格来计算，村庄的资产仍很有限，如何撬动资产杠杆，更重要的是实现战略突破。最典型的莫过于乡镇、县城及城市，其土地都已经进入一级市场，处于同一起跑线上，但各地之间千差万别，核心就在于是否懂得运营，也正如公司一样，不同公司、不同领导者或者在不同的管理模式和发展方向下，境况截然不同。

三、可预见的未来

1. 新范式

目前关于乡村振兴，就问题谈问题的多，缺乏统一的逻辑脉络，尤其是以贯穿始终的量化指标为主线，多描述性和碎片化。分析乡村振兴不能仅就问题谈问题，必须要有系统化思维，才能设计顶层制度和具体政策。

实质上，中国城镇化发展的精髓就是两条主线：一条是围绕空间层面的"人—土地—产业"三项基本要素，另一条是围绕制度层面的"户籍—土地—经济（计划与市场）"，不同时期的经济社会特征本质就是围绕两个维度的不同要素在城和乡之间的数列组合，并且在逐步演变过程中。形象化来看，类似于计时的"沙漏"，人、土地、产业的实体要素逐步由乡向城流动，而制度则是瓶颈，随着时间推移，要素流通越来越流畅，空间和经济的组合形式更多元。尤其在当前阶段，各项要素和制度都处于最为开放活跃的时期，自然会孕育不同的空间形态和经济形态。

2. 新动力

正如"乡村振兴"字面所述，其核心是培育乡村的内生发展动力，改变以往"输血"式发展思路，增强"造血"功能，由被改造客体变为发展主体，这正是与之前新农村建设的本质区别。

无论当前及今后的脱贫攻坚，还是美丽乡村建设，不能仅局限于传统的墙体粉刷、立面改造等所谓的"穿衣戴帽"式村庄整治，而应以系统论和阶段论视角来全面立体审视，核心在于培育村庄发展动力系统。

通过对乡村构成要素的分析可知，村庄发展动力系统由 8 大动力构成，进而分为内生动力系统和助力系统（见图 2-2）。其中，内生动力系统核心在于构建新产业体系、新治理体系、新金融体系、新农民阶层；助力系统则包括新村落、新景观、新文化、新设施；培育内生动力机制是根本。

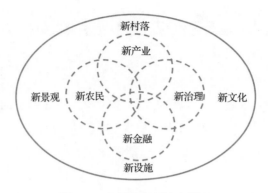

图2-2　乡村振兴新动力模型

（1）**新农民**。新农民分为两类群体，一类是村庄原居民，需要重视农民代际差异，从而因人而异满足不同需求，尤其加强对新型农民职业技能和经营管理营销等多元技能的培训；另一类是未来的潜在城市居民，该类居民才是真正能为乡村提供增值收益的重要群体，要在建设和设施配套中重点满足。

（2）**新产业**。从农业内部结构中顺应由传统农业，向有机农业、品牌农业转化的趋势；从产业间结构中顺应一二三产融合发展的趋势；从产业技术构成中顺应生物技术、互联网技术等新技术集成的趋势。

（3）**新金融**。由原有的农业融资难向政府金融辅助、社会资本注入的新型金融模式转变，同时注重内置金融、普惠金融等新类型金融模式的探索。

（4）**新治理**。核心是构建三个平台，一是金融创业平台：借鉴郝堂村内置金融模式，盘活村庄集体用地和村民闲散资金，保障村民基本生活医疗；由政府建立产业创业基金，从外部支持村庄建设；二是现代组织管理平台，构建"统一产权、财权、事权和治权"的村社一体化共同体，集"经济发展、村庄建设和村庄治理"三种职能于一身，民主自治管理平台，最大限度发挥村民积极性；三是现代村民提升平台，设立村民培训平台，定期对村民进行技术培训，与农业高校合作，通过现代农业试验田建设，提升村民对现代农业的认知度。

（5）**新村落**。以农村人居环境整治为纽带，通过村容村貌整治，提升村庄居住品质，尤其注重乡土建筑风貌的挖掘，使其独具乡野气息和地域建筑风格，同时又区别于城市建筑，切忌大马路、大广场。

（6）**新设施**。优先完善道路、水电气网等基础设施，推进配套教育、医疗文化等服务设施，实现乡村设施现代化和城乡设施互联互通。

（7）**新景观**。综合提升田水路林村风貌，慎砍树、禁挖山、不填湖，保护乡情美景，打造人与自然和谐共生的乡村田园风光。

（8）**新文化**。注重乡土味道，强化地域文化元素符号，构建既传承历史和优秀农耕文化，又独具特色的乡土文化。

3. 公司化

拿特例当一般，这是当前乡村振兴实践中的一个弊端。近年来，各类所谓的成功案例很多，但为何从未出现类似曾经的小岗村、华西村等能够在全国层面可复制、可推广的样板案例。即使曾经一度大热的特色小镇、田园综合体，最后都趋于平静。根本原因在于未找到针对广大地区的样板案例。乡村振兴过程的实质是资产资本化、股份制化的过程，未来的乡村治理必然走向公司化治理。党的十九大及二十大提出实现乡村振兴最根本的是实现乡村治理能力的现代化，而实现乡村治理能力现代化最根本的则是公司治理能力现代化。

曾经的村集体公社的"大锅饭"和多劳多得，更多地依靠思想和精神层面的激励，相对来说管理成本最低，同时是基于本村集体为基本单位的内部和满足基本的生产需要，是内向型的；当前及未来的集体经济，则可以通过公司化治理和股权激励，一方面满足成员基本的保障，另一方面能够通过股权分红激励成员，物质层面的激励是与之前的最大区别，并且可以允许多个集体经济间并购重组或股权市场跨行政边界交易。实际上，很多乡村已经开始尝试建设用地指标交易和流转，并着眼于更广泛领域的交易和运作。

土地"三权分置"，从公司治理角度只是完成了公司和股权架构的基础，真正的核心仍是发展，尤其是对于数以万计的村庄，如何整合自身资源进行差异化特色化发展。同时，在公司化治理过程中，要提前预判性地规避南街村、华西村的瓶颈，引入职业经理人制度、现代公司治理体系，避免公司家族化、政企不分等弊端，从而真正激活乡村地区活力。

4. 集群化

在肯定了乡村的公司属性基础上，能够看到乡村与公司另一个重要共性是空间上集群化、簇群化。正如公司由最初的点状，发展为集群化或簇群化，成为集团或企业集群。同样，考察各地乡村空间经济发展，从空间单元来看，也是以一个自然村为基点，逐次展开，最终以几个村为整体板块化发展，进而带动镇域和县域经济发展。在某种程度上，县域经济就是镇域经济，是乡村板块经济（山地丘陵区的沟域经济），典型如"苏南经济""珠三角模式""鄢陵模式""寿光模式""栾川模式""华西村""袁家村""田园东方""三瓜公社"等。人、景区、企业、产业、城市等皆是如此，或许集群才是空间的真正规律和本质。

因此，乡村振兴的核心是"集群"。正如企业集群的核心在于培育集群创新核，乡村集群的核心也在于培育创新核、发起点与典型示范，这是解决问题的根本。乡村集群的空间尺度把握是关键，实则是数个村落组成的板块状村庄聚落的组合、几个村庄组成的空间单元，这明显区别于以往简单地以单个村庄来推动的村庄体系模式，由此也可以佐证为何十年前推动的村镇体系规划无法实质开展下去，同时可以得出"一村一品"只不过是纸上谈兵，甚至是误导。

乡村另一个最大特征是点小、量多、簇群状空间分布，且距离相近，相邻的均质化明显，与城镇尤其是城市的差异明显，因此，这进一步支撑了乡村组合空间单元规划的必要性，且在历史上也有众多这样的案例，如合肥的九龙攒珠、福建的客家土楼、广东开平的碉楼等，都是几个或多个村庄的组合。放大空间尺度的城市之间组成城市群是同样的道理，因此，这也要求对以往以单个乡村为单位分别编制乡村规划的思路进行转变。

同时，需要指出的是，所谓的城乡融合，最典型的是都市区内的融合，该地区内的乡村类项目投资是高投资强度的项目类型，不同于普通乡村地区，应该区分都市区内的城乡融合与非都市区内的城乡融合，特征不同，发展模式自然不同。

5. 圈层化

乡村振兴的推动过程必将是渐进的，而且呈现圈层化趋势，宏观层面是东中西部的依次推进，这在地方实践中已经得到印证；中微观层面的首要地区是都市区，其次是边远山区，最后是中间层地区。当前关于乡村振兴，最为典型的代表载体为特色小镇、田园综合体、美丽乡村等，而这些类型中最成功和最具代表性的成功案例大多数分布于都市区内或周边，如杭州特色小镇、陕西袁家村、无锡田园东方、安吉美丽乡村、成都多利农庄、长沙浔龙河艺术小镇等，也就是说，最先实现乡村振兴的必然是大都市区周边，紧邻景区、矿区、资源富集区、发展轴带或门户地区，其次是严格生态保护区或条件较差区，整体搬迁，第三种为一般地区，以基本农田和大规模农业为发展模式。

同时，从农业区位论和基本经济规律分析，农业自内向外逐步呈现高附加值的都市型农业、中附加值特色型农业、低附加值传统农业的圈层化分布特征。

6. 融合化

融合化将是未来乡村振兴中的另外一个重要趋势。这里所提的融合，除了经常提到的城乡融合和一二三产融合，还包括"三农"之间的融合、村庄空间与村域空间的融合。"三农"之间的融合，不再是以往彼此孤立化的"三农"问题，而是由关注农村的点到农村农田和城的线面的融合；由关注单个村到关注几个村所组成的主题板块的重大转变。乡村振兴的最大核心是"三农"，"三农"的核心是"农"，农业最大的特征是有空间增长极限边界。

四、警惕三种倾向

1. 避免"重村轻城"

需清醒地认识到乡村振兴并非逆城镇化，乡村数量逐步缩减是大势所趋、必然规律，要牢记分区分类，切不可盲目"重村轻城"，解决乡村振兴的根本之道在城，城乡融合系统思维是关键。国内外的成功案例充分表明，凡是区域经济整体水平较高、乡村与城市和区域的互动良性，更利于推动乡村地区振兴；反之亦然。

2. 切忌机械套用

脱离乡村发展阶段和地区发展实际，盲目批量编制规划和机械套用发达地区乡村规划的做法，必然导致规划内容与乡村实际发展诉求错位。最终，使得乡村规划沦为工具，脱离了规划的公共政策属性，从而使乡村规划难以服务于乡村发展的实际需求。

3. 切忌投机化、运动式

切忌"一刀切"，避免使乡村振兴沦为新一轮造村、社区运动。

PART 3

青梅煮酒论城事

滚滚长江东逝水，浪花淘尽英雄

历史拐点：
珠三角向"左"，长三角向"右"

一、千里之外

千年前，一首"我住长江头，君住长江尾。日日思君不见君，共饮长江水"。千年后，一首"小河弯弯向南流，流到香江去看一看，东方之珠，我的爱人，你的风采是否浪漫依然"。

一曲相思，一曲相念。

长三角与珠三角，一个位居东海之滨，扼守滚滚长江，面向东海以及浩瀚的太平洋；一个位居南疆之门，坐拥滔滔珠江，面向辽阔的南海。

100 多年前，上海开埠；香港租借。2019 年 2 月 18 日，《粤港澳大湾区发展规划纲要》重磅推出；同年 12 月 1 日，《长江三角洲区域一体化发展规划纲要》正式发布。自此，时隔 40 多年，粤港澳大湾区（以下或称"大湾区"）、长三角，再度成为超级话题：谁才是中国的 No.1 ？

将大湾区和长三角比较高下，作为媒体或百姓茶余饭后谈资，无可厚非，但如果直接将其作为课题研究或资政建言核心，则显得南辕北辙。

拿一个省的局部与几个省市之和相比较，无论指标多么丰富，方法多么先进，本身就充满着荒诞与滑稽。换句话说，两者真正的价值，根本不在大小之分，更不在强弱之别。两者虽都通江达海，处于改革开放最前沿，都属中国经济发展龙头，但事实上存在很大的差别，尤其在国家整体格局中的战略价值及内在发展逻辑明显不同。简单来说,大湾区是前沿、晴雨表、试验田、转换器和开放窗口,长三角则是主战场、基本盘、样板田、放大器和改革重镇。

二、"收缩"的珠三角VS"扩张"的长三角

当我们将"大湾区"和"长三角"两个纲要放在一起,就会发现一个有趣的现象:珠三角在"收缩",长三角在"扩张"。具体来说,粤港澳大湾区的范围由原来覆盖多省市的泛珠三角地区,大幅"瘦身"为精华、发达的湾区内"9+2"的小尺度范围;而长三角则由原来的"两省一市"扩容为"三省一市",无论人口还是面积,都远超粤港澳大湾区,究竟为何?

将视角放大至全国,便能看出些许端倪。当前,京津冀、长三角、粤港澳大湾区、成渝"四极"格局已然形成。套用古时军营战略,京津冀是"中军帐",长三角是"主力军",粤港澳大湾区是"先锋",成渝是"大后方"。

粤港澳大湾区之所以由"9+2"城市群组成,其战略意图犹如挑选精兵强将,实现战略突围,是在战场中深入敌方、撕开防线的那枚关键"楔子"。与其说是大湾区,倒不如说是新时代"特区2.0版",典型特征便是超大力度。比如,前海深港现代服务业合作区、横琴粤澳深度合作区、香港北部都会区、地铁同城、港珠澳大桥以及未来的人民币离岸结算等,都是典型探索。与此对应,长三角扩容为"三省一市",不仅自身要率先发展,还肩负着带领长江经济带甚至广阔内陆地区整体发展的龙头功能。

不仅如此,我们用历史视角来看,也能看出同样的规律。无论是早先的,先有广州一口通商,再有五口通商;先有广州十三行,再有上海十里洋场;还是40多年以来的,先有蛇口,再有深圳特区、沿海开放城市。一直以来,珠三角扮演着"报春花"的角色———一花引来百花开。珠三角在不同时期皆领风气之先,但真正发扬光大并扩展至全国的模式,几乎都出自长三角。

三、四组差异

正如前面所讲，大湾区与长三角虽有诸多相似性，但存在巨大的差别，即制度差别。大湾区打破"制度壁垒"，长三角打破同一制度内的"梯度壁垒"，这便是探讨两者关系的一条基本逻辑主线。在此主线下，要先厘清以下差异：**晴雨表 VS 基本盘、开放窗口 VS 改革重镇，进而厘清另外两类差异：试验田 VS 样板田、转换器 VS 放大器**，能将此四组差异梳理清楚，大湾区与长三角的基本关系便条分缕析。

1. 晴雨表VS基本盘

珠三角地处岭南、毗邻港澳，特殊的区位条件及历史渊源，注定其资源禀赋、发展模式、战略功能等方面，在全国层面独一无二。而长三角自古便有"江南熟，天下足"的美誉，因此，将长三角称为"基本盘"。

熟悉两地的人应该会了解，珠三角注重国际规则，市场化更彻底，长三角则注重中国特色，重视市场规则。

一个比较有趣的现象是，长三角自古多"官商"，典型如"泛舟西湖"的范蠡、"富可敌国"的胡雪岩，珠三角虽商贸历史悠久，但官商很少，造就了粤商普遍低调务实、"讷于言而敏于行"的商业文化基因。

2. 开放窗口VS改革重镇

基于上述的特征研判，多年来，大湾区与长三角虽都居于改革开放最前沿，但其实各有侧重。就像深圳华侨城的"世界之窗""锦绣中华"，长期以来，以深圳为代表的珠三角，其实更多扮演的是对外"开放窗口"的角色：一方面充当对接国际、吸引外资进入中国市场的"超级平台"，另一方面承担走向国际、对外展示改革开放成果的"超级支点"。长三角则承担对内"改革重镇"的角色，回顾 40 多年的改革开放史，三农制度、土地制度、行政体制、市场体制、区域制度等一系列影响深远、事关全局的重大改革，以及苏南模式、温州模式、义乌模式等一系列重大探索，几乎都来自长三角的先行先试。

3. 试验田VS样板田

正如很多人提到深圳就会想到的"试验场"，珠三角多年来的一个重要角色便是改革开放"试验田"。长三角在很多时候承担了"中试基地"角色，也可以说，长三角是"样板田"。

一方面，适用于珠三角的，未必适用于全国，比较典型的如"三来一补"的珠三角模式，只适用于珠三角；而源于长三角的苏南模式、温州模式、义乌模式，则风靡全国。另一方面，诸多前沿、复杂、深层、棘手的模式，很多是先在珠三角"试验"，然后在长三角优化调整，打造"标杆"，进而推向全国的。典型的如较早的乡镇企业、民营经济、县域经济、产业园区、产业集群，到后来的城乡融合、区域合作、区划改革、国家级新区、综保区，以及自创区、自贸区、特色小镇、美丽乡村，再到近期的两山理论、绿色发展、共同富裕、综合性国家科学中心等。

4. 转换器VS放大器

诸多国际投资、企业选择珠三角为进入中国市场的中转站，等到时机成熟，大多便转至长三角尤其是上海，并在此设中心或总部，辐射全国，甚至亚太地区。

四、对标世界级湾区

"金麟岂是池中物，一遇风雨便化龙"。千百年来，长江与珠江犹如两条巨龙，护佑着沿岸百姓安居乐业。

不同于其他城市群或都市圈，之所以热衷于对比，很大程度上在于抢夺国内市场资源，长三角与粤港澳大湾区则绝不止于此，真正应该对标的显然是世界级湾区，做大全球市场。

虽然也有分析将两者与纽约、旧金山等湾区做对比，但针对性不强。很多时候，起关键作用的恰恰是那些看似细微的差别。纽约湾区被称为金融湾区，但该湾区不仅针对金融，对其发展起关键作用的还有联合国及众多国际机构总部，同时，纽约是美国政治文化中心，该区域的科创及高端制造业发达，是典型的"金融＋总部"型大湾区。旧金山湾区被称为科创湾区，但该湾区的金融业同样发达，并且正是依托发达的科创金融孵化，孕育出一大批科技巨头公司，因此，旧金山湾区在严格意义上应该是"科创＋金融"型大湾区。

以此对照，长三角真正应该对标的是纽约湾区，粤港澳大湾区则应对标旧金山湾区。随着人民币逐渐国际化，金融市场必然愈加开放，国际性总部愈加集聚将是大势所趋。当然，随着粤港澳大湾区的持续深化推进，内部分工愈加明确，积聚势能愈加巨大，追赶甚至赶超旧金山湾区的步伐只会越来越快。

五、各有所长，相辅相成

大湾区强于环境，对年轻人的吸引力巨大；长三角强于科教，优质资源基础雄厚。大湾区强于金融，长三角强于政策扶持；大湾区强于消费性制造业，长三角强于骨干性制造业，尤其是大飞机、特钢、船舶、汽车等重型制造业；大湾区强于终端电子，长三角强于上游微电子；大湾区强于应用型科创，长三角强于基础性研发；大湾区强于特大城市扎堆，长三角强于众将云集……

此外，需要指出的是，随着大湾区"去脂""强身"，加速"同城化"，长三角也在悄然间发生巨变。首先，长三角扩容的同时，借势生态绿色一体化、G60科创走廊等战略平台，弥补之前与浙江、安徽之间联系相对薄弱环节，加速一体化。其次，上海一改之前的"减量"战略，借势大都市圈的打造，发挥几大新城、新市镇，特别是临港新片区的重大载体功能，主动放低姿态，大量招引人才，做强龙头；凭借独特的地位，上海未来必将上一个大台阶。再次，之前相对弱势的杭州、南京、合肥，借势"强省会"经济圈打造，作为未来的"金字塔"塔腰部位必将强化。最后，随着长江南北之间交通瓶颈突破，苏中、苏北地区也必将强势崛起，加上宁波、温台等地逐渐复苏，未来实力不可小觑。此外，本就强劲的民营经济、县域经济，再加上丰富劳动力及广阔市场，使对未来长三角发展有巨大的想象空间。

当然，随着大湾区的持续深化发展，尤其对前海深港现代服务业合作区、横琴粤澳深度合作区、香港北部都会区的大胆探索，虽然大湾区看似块头小，但依托自身资源禀赋，释放的能量必将是"核聚变"级别的。

行文至此，脑海中猛然浮现一个画面：

如果将中国比作一个巨人，京津冀是头部，大湾区犹如双臂，为巨人拨开云雾、披荆斩棘，长三角犹如双腿，使巨人阔步前行、攀登高峰、登高望远。

未来，征途是星辰大海，你我，皆是追梦人！

南方的江VS北方的河：
北方崛起之路

关于南北差距的探讨已有很多，影响彼此差距的影响因素也有很多，这里从空间维度管窥一二。

一、北方之惑

困扰北方的因素很多，但是总体来看，瓶颈为以下两个。

1. 空间战略虽多，但亟待统筹协调

客观来说，如果单从国家战略数量的空间分布来看，无论是南北之间，还是东中西之间，差距都在逐步缩小。

目前的北方地区，京津冀协同发展、黄河流域生态保护和高质量发展、东北全面振兴，还有关中平原、中原、山东半岛、哈长、天山北坡等重要城市群，北京、天津、郑州、西安4大国家中心城市，整体来看，数量并不少。但是，核心问题在于亟待统筹协调。

最典型的莫过于京津冀协同发展、黄河流域生态保护和高质量发展、东北全面振兴，同处于环渤海区域，但各自范围泾渭分明，就自身谈自身、就区域谈区域，缺乏整体功能联动，看似战略很多，但无法形成合力。

与此形成鲜明对比的则是南方，如华南区域，以粤港澳大湾区为统领，

整合珠江流域，统筹海上丝绸之路、海南自贸港建设、北部湾建设等重大战略，从而形成联动和辐射东南亚的重要功能门户；长江流域，以长三角一体化为统领，整合长江流域，统筹长江经济带、长江中游城市群以及武汉国家中心城市、合肥综合性国家科学中心建设等重大战略，与成渝双城经济圈遥相呼应，带动整个沿江、华东区域，形成联动和辐射亚太、面向世界的重要门户。

再来看黄河流域。黄河流域与长江流域存在很大的差异，甚至是本质区别。根本原因在于，长江既是生态载体，更是交通和经济通道辐射载体，黄河则由于无法通航，而且生态较为敏感脆弱，基本不能承载完整意义上的经济带概念，赋予更多的是生态功能，从"长江经济带、黄河流域生态保护和高质量发展"两大战略名称的表述中可见一斑。很显然，黄河流域发展，不能就自身谈自身，必须"跳出黄河看黄河"。

再来看东北区域。困扰东北的瓶颈很多，如资源逐渐枯竭、产业转型、营商环境、地缘制约等因素，交通和区位瓶颈短板尤为明显。东北区域虽位于东北亚几何空间中心，但地缘形势波谲云诡；由于偏居一角，使得其远离长三角、珠三角的一线市场和经济中心；虽然与山东半岛隔海相望、近在咫尺，但由于渤海的自然隔离，使得其必须绕行渤海湾一周，大大拉长其时空距离；虽地处环渤海，但沿线交通廊道相对滞后，功能联系并不畅达；由于远离经济中心、市场中心，缺乏门户，极大限制了东北几大城市群的发展，进而极大限制了东北整体振兴。

2. 强将如云，但缺乏龙头

缺少真正的龙头，是北方地区的一项根本性硬伤。目前，整个中国呈现京津冀、长三角、粤港澳大湾区、成渝双城经济圈"四极"空间格局，就北方地区来看，真正称得上龙头的只有"京津冀"。但从整体来看，长三角由最初的环上海区域地市构成狭义的长三角，逐步到苏浙沪全域，进而扩容至安徽全省，覆盖范围逐渐扩大；珠三角也惊人相似，由最初狭义的珠三角城市群，逐步扩容至大珠三角，再到泛珠三角，直到粤港澳大湾区；而与此形成鲜明对比的则是处于北方的京津冀，由最初的京津唐，逐步扩展至首都经济圈、环渤海，再逐步缩小至京津冀，可以明显看出所走路径不是扩张，而是缩小。

总之，京津冀无论是规模体量，还是腹地范围，抑或辐射力，与东京湾区、旧金山湾区，甚至国内粤港澳大湾区或长三角相比，仍存在较大差距。以目前京津冀的实力来看，想要带动整个北方地区，有些力不从心。

再来看黄河流域。从目前的各项文件中，已经明确以山东半岛城市群作为龙头。但是，山东半岛城市群实际上颇为尴尬，位列全国经济总量前三名，作为北方第一经济强省，拥有众多实体经济冠军和隐形冠军企业，以及多个大型港口，地处黄河流域出海口，既未纳入京津冀协同发展，又未纳入长三角，显得有些落寞。同时，整个山东半岛城市群尚处于培育发展阶段，近年来步伐明显减缓，新旧动能转换压力重重，且缺乏超一流中心城市——无论是青岛，还是济南，以目前的实力都难以担此重任。同样，无论是沿线的中原和关中平原城市群，还是作为国家中心城市的郑州和西安，目前来看，也尚存一定差距。

再来看东北区域。从整体来看，东北区域虽然近年来有一定起色，但是在短时间内发生根本性改观的难度极大。同时，从城市群和中心城市来看，以目前的态势，无论是哈长，还是辽中南城市群，想担当龙头犹如天方夜谭。

总之，环视整个北方地区，真正的龙头缺失，已经成为制约整体发展的瓶颈之一。

二、3大逻辑

不畏浮云遮望眼，自缘身在最高层。若要破解当前困局，关键在于理清内在逻辑。

1. 国家整体格局的底层逻辑

国家战略决策对于区域和城市发展的决定性意义不言而喻。梳理数十年发展历程，能够看出，国家整体格局的底层逻辑的关键：再平衡。

从最初的沿海优先开放到东北振兴、西部大开发，再到中部崛起，实则是实现东中西部之间再平衡；提出"一带一路"倡议，则是实现国内国外、陆海、南北以及东中西部之间的统筹和再平衡；同样，当北方提出京津冀协同发展时，南方提出粤港澳大湾区，实现南北平衡；当东部提出长三角一体化时，西部提出成渝双城经济圈，实现东西平衡；当南方提出长江经济带时，北方提出黄河流域生态保护和高质量发展，再次实现南北平衡。此外，9大国家中心城市的提出，国家级新区、自贸区、自创区等各大战略和政策试点，都是基于空间再平衡总逻辑的。

基于此，产生了以下3个基本判断：

一是随着南北差距日益拉大，未来国家必然会加大对北方地区的支持力度，如国家中心城市、国家级新区、城市群、都市圈及重大投资等。二是目前中国"四极"，南方占据粤港澳大湾区、长三角、成渝"三极"，未来国家必然强化对北方龙头的培育。三是南方格局框架已经逐渐清晰，未来国家必然强化对北方格局的梳理和构建。

2. 空间格局的演进逻辑

（1）**得湾区者，得天下**。整体来看，中国当今的经济地理格局大致呈现黄河、长江、珠江3大流域"三足鼎立"之势。而且逐步以环渤海、长三角、粤港澳大湾区作为出海门户、开放门户，统筹东中西部、统筹陆海。3大流域也由原来传统的三角洲区域，逐步走向大湾区态势。

（2）**长三角，梦想照进现实**。随着粤港澳大湾区的深入推进，长三角也已进行各种战略设想和具体举措，不仅包括上海大都市圈规划中的整体擘画，还包括沪杭甬超级磁浮、沪甬跨海大通道、沪舟甬跨海大通道等一系列"超级交通工程"。显然，长三角并不仅仅满足于"一体化"，长三角版"大湾区"时代即将到来。

（3）**环渤海，无法言说之痛。**作为中国最大的内海，不同于粤港澳大湾区和长三角一体化趋于增强，目前的环渤海区域由京津冀协同发展、山东半岛城市群和东北全面振兴构成，整体呈现"三家分渤""群龙无首"的态势，只是停留于地理空间概念，未形成功能上一体化。目前，作为3大门户型区域，环渤海可以说是最弱势的区域，与其应有的潜力和地位极不相称。

3. 南北方的发展逻辑

南北方的经济、社会发展水平差异只是结果，更是表象，根本差异在于发展逻辑。南北方的自然地理环境因素迥异，加之近代以来历史进程悬殊，更由于改革开放以来，发展路径和时序各异，从而使得南北方的思维观念、市场环境、发展特征、经济社会结构等方面存在较大差异。

总体来看，南方经济外向度更高、市场化程度更深、市场化意识更强，更多的是自下而上、由市场化改革推动行政化改革；而北方则相反，经济外向度不高、市场化程度不深、市场化意识不强，计划意识相对浓郁，市场化力量相对薄弱，更多是自上而下地推动市场化改革。

最典型的莫过于，同样是"画一个圈"，南方的深圳特区更多的是依靠市场力量，自下而上、顺势而为推动，进而发展成为今日之深圳；而北方的诸多新区，更多的是自上而下、计划调控先导，引入市场要素集聚，从而推动新区建设。

三、环渤海大湾区，呼之欲出

北方的问题是一项系统问题，想要靠单点突破不可能解决，简单的战略数量叠合也难以奏效。北方地区的再平衡力度会持续加大：必须跳出自身、站位全局；不能照搬南方，应自上而下、以行政力量先导，先行实现区域统一、打破固有藩篱，跟进市场力量，进而激发区域和市场活力。

基于以上分析，从空间格局来看，能够将以上各层面问题，尤其是能将京津冀协同发展、黄河流域生态保护和高质量发展、东北全面振兴连在一起的战略契合点，只有一个，即该区域作为中国第一大内海，通过环渤海大湾区的打造，将北方第一极——京津冀协同发展、北方第一经济强省——山东、中国第一生产要素基地——东北整合为一体，成为整个北方，甚至是整个东北亚的"第一龙头"，打造成整个北方门户，并且是辐射东北亚、面向亚太的第一大门户，进而带动黄河流域、东北甚至整个北方地区发展。

推进环渤海大湾区建设，有几项工作迫在眉睫：其一，尽快推动环渤海大湾区建设成为国家重大战略；其二，借鉴粤港澳大湾区、长三角一体化建设及京津冀领导小组等协调机制，成立环渤海大湾区建设领导小组，建立协调机制；其三，尽快启动环渤海大湾区建设规划研究编制；其四，尽快促成"烟（台）大（连）海底隧道"项目立项，并尽早开通建设。

环渤海大湾区建设的题眼是"烟大海底隧道"，将现有绕行山海关的铁路运输由 1500 多千米缩短为 100 多千米，时间由 6~8 小时缩短为不足 1 小时，从而将环渤海区域真正连为一体，同时将黄河流域和东北地区连为一体。该工程已研究论证近 30 年，技术等各方面前期准备工作早已完成，工程条件已经十分成熟。同时，启动环渤海湾复合交通廊道建设，在当前的形势下，迫切需要大基建、大投资来拉动经济增长、促进就业。隧道连通之时，正是黄河巨龙腾飞之时，也是北方地区崛起之时。

总之，真正的一盘大棋在于环渤海，进而带动黄河流域和整个北方地区，形成南北之势的战略平衡，进而辐射东北亚、面向亚太地区。

四座明星城市的诞生

大国博弈，实则一座座城市间的博弈；中国的崛起，实则一座座城市的崛起。

1961 年，美国学者简·雅各布斯出版了专著《美国大城市的死与生》，对全球许多城市产生了持久而深刻的影响。

回顾中国改革开放 40 年发展史，就是一座座城市的崛起和衰落史；放眼未来 40 年甚至更长的时间，中国的崛起也将取决于现有众多城市的崛起。纵然城市的发展受制于环境变革，但城市主政者水平的高下直接影响着城市的发展。每当细数一座座明星城市，必然会联系到一位或几位关键人物，以下四座明星城市可管窥一斑。

一、管理城市——大同

曾经有一部纪录片——《中国市长》，在国际电影节上斩获大奖。该片讲述的就是时任大同市主政者，尽管其一些举措有一定的争议，但客观来说，确实给各地主政者树立了榜样，尤其在敢作敢为、改革魄力方面。

1. 力推城市转型

大同扭转了对煤炭资源的过分依赖，城市发展由能源资源依赖向文化旅游主导转型，产业结构优化升级。

2. 大刀阔斧搞城建

最典型的莫过于全面复建大同古城，力度之大前所未有；大力推进矿区、棚户区改造；大力推进城市基础设施建设，言出必行，务实高效。虽然，由于这位市长突然调任太原，使得大同古城复建工程中断，但经过几年的建设，大同城市的空间框架、整体形象、环境品质都得到了极大提升。

二、治理城市——合肥

曾经的合肥，在中部六个省会城市中，可以说是默默无闻的；而今的合肥，跻身于长三角城市群副中心城市之列，成为继上海之后全国第二个启动综合性国家科学中心建设的城市，成功实现了由中部二三线城市到东部新一线城市的华丽转身。

回顾合肥的发展历程，2005 年以来的 10 多年无疑是关键的时期。2005 年，合肥的经济总量仅 850 多亿元，同时期的南京为 2400 亿元，武汉为 2200 亿元，郑州和济南均为 2000 亿元，南昌也已超 1000 亿元。但如今合肥的 GDP 在 26 个省会城市中，超过济南，直逼西安。合肥真正实现了由量变到质变的飞跃，概括原因，主要为以下四个方面。

1. 战略定位转型

一方面，合肥在战略取向上，由中部转向东部长三角；另一方面，合肥在战略定位上，突出科教、现代制造和交通枢纽 3 大核心。在《合肥市城市总体规划（2011—2020 年）》中，合肥的定位是长三角城市群副中心城市，国家重要的科研教育基地、现代制造业基地和综合交通枢纽。正是在此时期前瞻性的战略谋划，合肥积极创造平台、厚植基础，成就了如今的综合性国家科学中心、制造强国战略试点示范城市和"米"字形综合枢纽。

2. 战略空间拓展

一是合肥调整行政区划，将原巢湖市的一部分并入合肥，使巢湖成为合肥内湖，腹地面积超过 1 万平方千米，人口数量逾 800 万人；二是合肥借助行政区划调整，启动都市区空间战略，提出"1331"空间格局，由城区走向都市区，拓展战略发展空间。

3. 城市提质扩容

一方面，合肥大力度拆旧，强势改造"中国最大的县城"，提升旧城品质和活力；另一方面，合肥大手笔建新，启动政务区、滨湖新区建设，打造城市新中心，各类大型基建也基本在此时期完成或启动。

4. 筑牢产业根基

合肥确立了电子信息、装备制造、新能源、新能源汽车等 6 大主导产业，通过积极引进龙头企业，培育 6 大千亿元级产业基地，成就现代制造业基地。

三、经营城市——杭州

在以往的中学教科书中提及长三角，首先想到的是"沪宁杭"，而今则已变为"沪杭"，杭州成为长江经济带名副其实的副中心，仅次于上海。杭州是中国城市发展的典范，拥有称号繁多——中国最具幸福感城市、中国最具投资价值城市、中国最佳商业城市、中国最佳旅游城市、中国最适合居住城市、东方休闲之都、天堂硅谷、爱情之都、动漫之都、创意之都……G20 峰会的召开，更是将杭州推向世界舞台中心。而 2000 年后的十年，正是杭州发展最快、变化最大的时期。

1. 筑牢"东方休闲之都，生活品质之城"定位

一是力排众议，实行西湖免费开放：2002 年开始，杭州实行"西湖免费开放"，已免费开放的公园景点上百处，使西湖成为国内首家不收门票的 5A 级景区，杭州最早践行全域旅游，带动了整个城市的发展。二是恢复西湖博览会，助力杭州成为会展之都：时隔 71 年后恢复举办西湖博览会，十年间，从仅有的 39 个项目发展到 122 个项目，其中较知名的有全球网

商大会、"西湖论剑"、中国国际休闲博览会、中国国际动漫节、中国国际丝绸博览会等一系列国际级、国家级会展项目。

2. 实现城市空间战略转型

一是萧山、余杭并入市区，杭州成为长江三角洲地区第二大区域性大都市。调整后的杭州市面积比原来扩大了近 3.5 倍，人口、土地面积资源和经济、社会发展综合能力等全面超过南京、苏州、宁波等城市。二是杭州的空间格局由 "西湖时代" 向 "钱塘江时代" 跨越，开启了 "钱塘江时代"。杭州沿江建设湘湖新城、之江新城、滨江新城、钱江新城、城东新城、钱江世纪新城、空港新城、下沙新城、江东新城、临江新城，从 "三面云山一面城" 的传统城市格局，走向 "一江春水穿城过" 的新城市格局。

3. 筑牢城市基建根基

一是城市 "十横十纵" 道路整治改造，且坚持特色风貌营造；二是大力推进杭州城市地铁轨道交通建设，并实现与磁悬浮、铁路、汽车、地面公交的 "无缝衔接"；三是以背街小巷改善为代表的旧城改造，一改 "大拆大建" 的传统思路，创造了 "背街小巷改善的杭州模式"，被文史专家定义为 "历史文化名城保护的杭州模式"。

4. 打造互联网强市

杭州大力支持以阿里巴巴为代表的互联网企业的发展，进而带动全市电子信息产业的发展，因此，成就了今日的阿里巴巴，也让杭州成为 "中国硅谷"。

5. 推动房地产业和土地财政事业快速发展

这也是具有争议之处。2008 年，杭州大搞城市建设，一方面确实通过土地财政带来的雄厚财力推动了城市的飞速发展，但另一方面加速了杭州房价的弹跳式增长，增加了城市发展成本。

四、重塑城市——贵阳

如果问最近几年中国城市崛起的黑马，贵阳必定位列其中。

最直观的莫过于经济发展表现。自 2013 年以来，贵阳的经济增速连续 5 年居全国省会城市第一名，而且是以两位数的增速增长；联系 2012 年以来全球金融危机和中国新常态的宏观背景，这几乎可以说是一个奇迹。不仅如此，更为神奇的是，作为偏居西南内陆山区、长期依赖能源资源开发、经济排名垫底的省会城市，贵阳所走的并非粗放、低效、污染的传统资源开发道路，而是依靠大数据产业实现了弯道超车、跨越式发展。尤其在近几年，贵阳大数据产业飞速发展，进而带动贵州全省发生了根本性变化。

1. 确定大数据引领创新型中心城市的总体战略

贵阳从资源型城市到以生态文明和大数据为引领，明确了战略方向的影响重大而深远。尤为可贵的是贵阳巨大的战略定力，彼时房地产业正高歌勇进，但房地产公司参与高新技术、现代制造业时没有急功近利，而是做一些基础性工作。

2. 构建以大数据产业为核心的现代产业体系

在大数据产业方面，甲骨文、谷歌、英特尔、微软、IBM 等世界 500 强企业相继落户贵阳，阿里巴巴、腾讯、奇虎 360 等国内互联网领军企业纷纷牵手贵阳，货车帮、朗玛信息、东方祥云等一批贵阳本土企业迅猛成长，大数据企业达 4000 多家。作为先驱者和探索者，贵阳在大数据行业创造了多个全国第一：建立第一个大数据战略重点实验室、第一个 Wi-Fi 公共免费全覆盖城市、建立第一个块数据大数据公共平台、第一个政府资源开放的先进示范城市、建立第一个大数据交易所。可以说，贵阳已经成为名副其实的"大数据之都"。

3. 构建现代都市格局

首先，在城市空间层面，贵阳积极发展贵安新区，同时，大力打造中关村贵阳科技园，科技园的核心圈层由高新技术产业引领区（国家高新技术开发区）、贵阳综合保税区、科技金融区、现代制造业聚集区（国家经济技术开发区）、协同创新区和双龙临空经济区组成。其次，基建层面，贵阳全面建成"三环十六射"骨干路网，中环路、BRT 快速公交系统拉开了城市主骨架；高铁贵阳北站投入使用，贵广、沪昆高铁开通，进入了"高铁时代"；龙洞堡国际机场跻身大型繁忙机场行列，贵阳在西南地区的交通枢纽地位更加凸显。

4. 思维观念层面的革命性影响

按照传统思维，谁也无法想象偏僻、闭塞、落后地区能直接与现代科技创新前沿挂钩，建成创新型中心，实现弯道超车和跨越式发展。这种思维观念层面带来的冲击力是巨大的，不仅仅对于贵阳、贵州，为其他地区也带来了新的思考。

五、四座明星城市启示录

梳理以上四座城市的发展历程，明显呈现出"管理城市—治理城市—经营城市—重塑城市"四种不同的执政思路和理念，一种是善于事，一种是善于时，一种是善于势，一种是善于谋。《孙子兵法》云："上兵伐谋，其次伐交，其次伐兵，其下攻城。"对人来说，同样如此，格局有大小，水平有高下，有人善谋，有人善事。

理念不同，思路不同，城市不同，发展阶段不同，发展条件和基础不同，自然应采取不同的发展思路。正如城市工作会议中指出的，要先遵循城市发展规律。实际上，在中国的城市发展中，找到城市发展规律固然重要，找出城市治理规律更加重要，需要主政者有化繁为简、高屋建瓴的本领，多总结成功的主政经验，多汲取失败教训，如此则是城市之幸、国家之幸。

"中国最强地级市" 苏州的成功之道

苏州的知名度由来已久，"上有天堂，下有苏杭"，写尽了对它的向往。

"一千个人心中有一千个哈姆雷特。"有人认为苏州是"古典婉约"的；有人认为苏州是"现代时尚"的；有人认为苏州是"包容并蓄"的，既保留了文化底蕴，传承了历史文脉，又彰显了都市风情，同时还是"开放包容"的。

然而，当今苏州更为人熟知的便是"中国最强地级市"的标签，这样的苏州是怎么炼成的呢？

一、苏州印象

1. 古之印象——江南水乡

苏州古城有2500多年的历史，城址至今未变，以"小桥流水、粉墙黛瓦、古典园林"为特色风貌，即使在城市化快速发展的今天，苏州也没有走上"千城一面"的道路，依然保持着江南水乡的神韵。

2. 今之印象——世界工厂

进入21世纪，苏州抢抓各类高端要素资本向长三角集聚的战略机遇，通过工业园、开发区的建设，积极引进外资，实施招商引资战略，新增外资发展迅猛，各类资金、技术、人才流向苏州制造业，成就了苏州"世界工厂"的美誉，逐步形成了一个以外向型经济为主要特征的城市。

3. 未来愿景——创智高地

近年来，考虑到生态保护、土地资源、劳动力成本等因素，传统外延式扩张模式已经不适合苏州了，苏州也早已意识到唯有打造创新型产业集群才是行稳致远的必由之路。苏州坚持世界眼光、全球视野、国际水平，对标国际先进经验，把科技创新作为第一动力，主动承接上海国际科创中心溢出效应，培育瞪羚企业群、上市企业群，着力打造"创智高地"。

二、蝶变之路

回看苏州四十多年的发展，可谓风雨兼程，一步步从"江苏第二城"到"长三角第二城"，实现了蝶变（见表3–1）。

表3–1　苏州发展历程

发展阶段	"苏南模式"阶段	"新苏南模式"阶段	高质量发展阶段
时间	1978—1990年	1991—2011年	2012年至今
经济特征	乡镇经济	外向经济	创新经济
动能转换	"农转工"	"内转外"	"投转创"
核心动力	要素驱动	投资驱动	创新驱动
产业方向	劳动密集型产业：食品、机械、化工等	技术密集型产业：电子设备、通信设备等	知识密集型产业：新一代信息技术、智能装备、科创服务、总部经济等

1. "苏南模式"适时崛起

1978年正值改革开放，当时我国的经济格局为"北强南弱"，但苏州仍然以31.95亿元的经济总量排在全国普通地级市第三名，位居全国城市第15名，仅次于省会南京，是"江苏第二城"。

苏州在该阶段之所以能够异军突起，主要得益于"苏南模式"。苏州靠集体力量发展乡镇经济、创办乡镇企业，农民到工厂打工，实现就地城镇化，开辟了中国农村工业化的道路，在改革开放浪潮中积累了巨大财富。

2."新苏南模式"抓住机遇

1990年后，随着经济体制改革发展，"苏南模式"逐步弱化，乡镇企业效益下滑。这个时期的苏州抓住了国内外环境变化的机遇，加速建设各类开发区、工业园，引进外资与先进技术，发展加工贸易，扩大出口创汇，积极参与国际分工，推动经济从内向外拓展。

3. 高质量发展砥砺前行

在高质量发展阶段，苏州根据转型升级诉求，依靠科技的力量大幅提升自主创新能力，把投资驱动转化为创新驱动，摆脱过去以外资为主体的发展阶段，积极发展新一代信息技术、智能装备、科创服务、总部经济等知识密集型产业，打造高质量发展的创新型经济，实现从以一般制造业为主的"世界工厂"向以"高端制造 + 现代服务"的"创智高地"转型。从GDP和财政收入来看，苏州是名副其实的"长三角第二城"，即使苏浙两大省会南京和杭州在短期内也无法企及。

三、苏州是怎样炼成的

如果要问苏州为什么能够成为"中国最强地级市"，可以总结为"承天时、占地利、得人和"（见图3-1）。

1. 承天时

（1）**国际产业转移**。20世纪末，苏州紧抓我国承接国际产业转移的重大机遇，积极构建以苏州工业园区为核心的承接转移平台。苏州工业园区是中国和新加坡两国政府的重要合作项目，极大带动了苏州经济的腾飞。

（2）**国家战略叠加**。苏州受长江经济带、长三角一体化、长三角生态绿色一体化发展示范区等国家重大战略叠加，抓住了千载难逢的发展机遇。

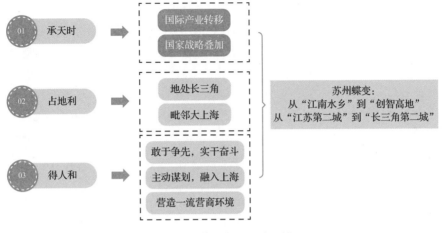

图3-1　苏州发展经验总结

2. 占地利

（1）**地处长三角**。苏州位于长三角核心圈层和G60科创走廊，G60科创走廊成为苏州融入长三角一体化发展的重大合作平台，京沪高铁、沪宁高铁贯穿境内，地处苏浙沪交会处，腹地空间广阔。

（2）**毗邻大上海**。从空间来看，苏州临近上海及虹桥国际开放枢纽，位于以虹桥商务区为起点延伸的北向拓展带上。北向拓展带为"虹桥—长宁—嘉定—昆山—太仓—苏州工业园区—相城"，打造中央商务协作区、国际贸易协同发展区、综合交通枢纽功能拓展区。可以说，苏州在长三角各城市中拥有独特的地理优势，理所当然成为承接上海产业、人才、技术外溢的首选之地。

3. 得人和

如果说"天时""地利"是成就苏州的外因，那么"人和"则是成就苏州的"内因"和根本。

（1）**敢于争先，实干奋斗**。苏州城区、开发区发展的成功经验广为人知，苏州县域经济发展更是令人惊叹。可以说，无论是主城区还是下辖县市，苏州人的开拓创新精神是全国少有的。仅以张家港为例，作为苏州县域经济发展中的第一条"鲶鱼"，曾是苏州GDP最低的一个县，但张家港人提出了在苏州样样要争第一的目标，率先发展乡镇企业，加快步伐改变落后面貌，形成了"张家港精神"，与昆山之路、园区经验并称为苏州发展的"3大法宝"。

（2）**主动谋划，融入上海**。苏州先行提出"沪苏同城化"战略设想，此后更是在市委全会报告、"十四五"规划中频繁提及，苏州不仅要"学习上海、对接上海、服务上海"，更要全面"融入上海"。最终，"沪苏同城化"被正式列入《长三角一体化发展规划"十四五"实施方案》，可以说是苏州的主动谋划、前瞻布局为沪苏同城奠定了坚实基础。

（3）**营造一流营商环境**。好的营商环境，就好比阳光、空气和水。苏州一直致力于优质营商环境的营造，充分体现"亲商"理念，为吸引跨国公司入驻，提供从保姆式到专家式再到伙伴式的企业服务，擦亮了"亲商"服务金字招牌，全力营造国际一流的营商环境。

苏州工业园区为什么这么强

　　苏州作为"中国最强地级市""长三角第二城",其发展事关江苏乃至长三角。苏州工业园区之于苏州,犹如中关村之于北京、张江高科之于上海,堪称中国改革开放"试验田"、创新型园区"标杆"和中国第一"园"。

　　自 2016 年以来,苏州工业园区实现国家级经开区综合考评"五连冠",不仅综合发展水平拔得头筹,进出口总额也居第一名,实际利用外资规模居全国第五名。

一、古今辉映:"一个园"成就"一座城"

　　苏州号称"东方威尼斯""东方水都",从古城一路向东,穿越金鸡湖畔的苏州新地标"东方之门",一座现代化、园林化、国际化新城拔地而起。

　　老城新区、古今辉映:一个老苏州,一个新苏州;一个古典园林,一个创新园区;一个千年姑苏,一个现代新城;一个古典静谧,一个时尚活力。

　　苏州工业园区成为苏州现代化发展的代表和科技创新、对外开放的城市名片,是苏州经济的重要增长极和核心引擎。可以说,苏州工业园区以不足苏州市域 3% 的国土面积和 6% 的人口,创造了全市近 15% 的 GDP。

二、化茧成蝶：从"泥泞水乡"到"现代新城"

1994年，中国、新加坡签署《关于合作开发建设苏州工业园区的协议》，开启苏州工业园区的发展之路（见表3-2）。时至今日，园区早已实现从"泥泞水乡"到"现代新城"的华丽转身，成为中国改革开放活力最强、发展效率最高的区域之一。

表3-2 苏州工业园区发展历程

发展历程	时间	核心特征	核心动力
创业起步阶段	1994—2000年	工业园区	"基础设施+一般制造业"驱动
跨越发展阶段	2001—2011年	产业新城	"先进制造业+生产性服务业"双轮驱动
高质量发展阶段	2012年至今	国际现代化高科技综合新城区	"科技研发+高端制造+高端服务"多元驱动

1. 创业起步阶段（1994—2000年）

该阶段是苏州工业园区以基础设施建设为特征的城市化快速推进时期，可以称为"第一次创业阶段"。1994年5月，园区在湖荡密布的农田水乡拉开开发建设序幕，首期8平方千米，水、电、气、热重大基础设施建设于1997年底基本完成，至2000年底，园区引进4700余家企业。

2. 跨越发展阶段（2001—2011年）

在该阶段，园区正式启动二期、三期开发，进入大开发、大建设、大招商、大发展阶段，启动制造业升级、服务业倍增和科技跨越计划，为后续转型升级奠定基础，形成"先进制造业+生产性服务业"双轮驱动模式、围绕大园区布局专业性小园区的区域性产业集群，一个国际化、现代化的工业园区初具规模。

3. 高质量发展阶段（2012年至今）

苏州工业园区以创新引领转型升级，新一代信息技术和高端制造成为主导产业，生物医药、纳米技术应用、人工智能、高端服务等产业初具规模，打造了国内领先、国际知名的人工智能产业集聚中心，成功跻身建设世界一流高科技园区行列。

三、园区成功之道

1. 找准一流标杆，对标高起点

新加坡作为"亚洲四小龙"和国际金融中心，拥有全球一流的营商环境和园区开发管理经验，中新两国政府成立联合协调理事会，开创了中外经济互利合作的新模式。

苏州工业园区积极借鉴并创新新加坡国有控股公司淡马锡的经验，在园区规划、建设管理、招商引资等各个领域进行学习；新加坡第一个工业园区——裕廊工业园的超前发展规划、先进管理方式成为苏州工业园区学习的标杆。

2. 敢想敢干，"争做第一、勇创唯一"

苏州工业园区能够成功的第二个制胜法宝，可以称为敢为人先的"首创精神"。在园区创建之初的 20 世纪 90 年代，当其他地区普遍以工业集中区的思路建设产业园区的时候，苏州工业园区却已经在谋划一个功能复合、业态多元的产业新城。此外，园区敢想敢干，在全国开创了多个"第一、唯一"（见表 3-3），使得园区一骑绝尘、遥遥领先。

表3-3　苏州工业园区荣誉成就一览

类别	核心内容
制度创新类	1. 中国首个中外合作开发区项目 2. 中国首个开展开放创新综合试验区域 3. 中国首个保税物流中心（B型） 4. 中国首个内陆型综合保税区 5. 中国首创充分授权的一站式服务体系 6. 中国首个空陆联程快速通关模式 7. 中国首个检验监管综合改革试验区

续表

类别	核心内容
科技创新类	1. 中国首批"新型工业化示范基地" 2. 中国首个纳米高新技术产业化基地 3. 中国首批智慧城市试点 4. 中国首个"服务贸易创新示范基地" 5. 中国首个服务外包示范基地 6. 中国唯一由地方政府主导的协同创新中心 7. 中国首批国家知识产权示范园区 8. 中国首批国家专利导航产业发展试验区 9. 中国首个专业化特色国家大学科技园
金融创新类	1. 中国首个中外合作非法人制股权投资基金——英菲尼迪—中新创业投资基金 2. 中国首个创业投资引导基金 3. 中国首个国家级股权投资母基金"国创母基金"
治理创新类	1. 中新社会治理合作首个试点单位 2. 中国首个以邻里中心为特点的社区商务模式 3. 中国首批"智慧社区及社区公共服务综合信息平台"试点 4. 中国首批国家级人力资源服务标准化试点地区 5. 中国首个"高等教育国际化示范区" 6. 中国首个"国家商务旅游示范区"
生态文明创新类	1. 中国首批生态工业示范园区 2. 中国首批生态文明建设试点园区 3. 中国首批国家低碳工业园区试点 4. 中国首批国家绿色园区示范 5. 中国首批国际能源互联网示范园区

3. 坚守战略定力，"一张蓝图绘到底"

一分战略，九分落实。我们经常提到的"一张蓝图绘到底"，其实就是苏州工业园区的经验总结。苏州工业园区在借鉴新加坡规划建设经验基础之上，以"50年不落后"为目标进行适度超前规划，坚持"先规划、后建设，先地下、后地上"，并建立一系列的刚性约束机制，尽量避免人为因素对规划的干扰，没有一边建设、一边修改规划的混乱，也没有建好了又推倒重来的折腾，保证规划实施始终如一。

4. 创新引领发展，"工业园区"转型"创新园区"

从苏州工业园区的产业发展历程可以看出，其经历了从低端向高端、

从劳动密集型向知识密集型的转变和跨越（见表3-4）。近三十年来，苏州
工业园区始终将创新作为核心引领，逐步构建起以新一代信息技术、高端
装备制造为主导的特色产业体系，生物医药、人工智能、纳米技术应用3
大特色新兴产业快速崛起，真正实现从"工业园区"向"创新园区"的转型。
伴随着华为、苹果等研发中心的入驻，园区将成为"苏州硅谷"。

表3-4　苏州工业园区产业发展历程

产业历程	特征	重点方向	代表企业
1.0时代	劳动密集型产业为支柱	电子、机械、食品、化工	三星电子株式会社、美国超微半导体、新西兰狮王
2.0时代	技术密集型产业为主导	通信设备、计算机及其他电子设备制造、现代物流	松下电器、博世、艾默生电气、日立显示器件、TOWA半导体、施耐德
3.0时代	知识密集型产业为引领	新一代信息技术、高端装备、科技创新、金融服务、总部经济、休闲度假	微软亚太研发集团、飞利浦医疗、西门子助听器全球定制机制造中心

5. 产城深度融合，重塑"产城人"融合发展生态圈

苏州工业园区虽然名为"工业园"，但它不仅仅是工业园，还是功
能复合、业态多元的新区，更是产城融合的标杆。

苏州工业园区摒弃单一发展工业的模式，向现代化综合城市功能区转
变，特别是近年来进一步优化园区功能分区，划分了金鸡湖中央商务区、
阳澄湖半岛旅游度假区、高端制造与国际贸易区、独墅湖科教创新区4大
功能板块，各板块产业发展方向更加明确和聚焦，形成了商务总部、休闲
度假、高端制造、科教研发、生态居住等"产城人"融合发展的生产生活
生态圈（见表3-5）。

表3-5　苏州工业园区4大战略功能区一览

功能分区	战略定位	产业重心
金鸡湖中央商务区	长三角上海金融副中心、高端商业商务中心、产城融合先导区和宜居城市核心区	总部经济、现代金融、高端商业、商务办公、生态居住、滨水旅游

续表

功能分区	战略定位	产业重心
高端制造与国际贸易区	努力打造辐射全国的智慧商贸平台、面向全球的自由贸易园区和具有国际竞争力的现代产业高地	电子信息、智能制造、健康医疗、金融贸易、电子商务、仓储物流
独墅湖科教创新区	高新产业聚集、高等教育发达、人才优势突出、环境功能和创新体系一流的科教协同创新示范区	高等教育、科技研发、高新技术产业
阳澄湖半岛旅游度假区	国内一流的宜商、宜游、宜居新型旅游度假区	旅游度假区、企业总部基地

6. 聚焦创新主体，构建企业梯度培育体系

围绕信息技术、高端装备、生物医药、纳米技术、人工智能等主导产业和产业生态圈建设，完善企业全生命周期梯度培育链条，构建以领军型龙头企业（上市企业）、独角兽企业、瞪羚企业、雏鹰企业（科技型中小企业）等为重点的企业梯度培训体系。

7. 创新管理运营，营造国际一流营商环境

苏州工业园区从建设之初就将行政管理主体和开发主体分离，园区管委会作为苏州市政府的派出机构，全面行使行政管理职能，为企业提供"一站式"服务，积极从管理职能向服务职能转变。中新苏州工业园区开发有限公司 (CSSD) 是园区的开发主体，负责中新合作区的开发经营、项目管理、产业与基础设施开发，实行完全市场化运作、企业化管理。

敲门式招商由"新加坡经济奇迹之父"吴庆瑞向苏州工业园区引进，苏州工业园区在全球举办招商会、洽谈会，寻找有产业转移需求的企业并逐一"敲门"，充分体现"亲商"理念，吸引跨国公司入驻。

8. "走出去"战略，异地实践"园区经验"

苏宿工业园是苏州工业园区首个"走出去"合作项目；苏通科技产业园成为园区域外商业性合作的阵地；中新苏滁高新技术产业开发区是园区"城市整体开发运营"的新尝试；新疆霍尔果斯口岸项目则树立了东西区

域"手拉手"的典范；苏相合作区是跨区联姻合作的新探索，中新嘉善现代产业园是长三角一体化发展上升为国家战略后首个重要区域合作项目（见图 3-2）。

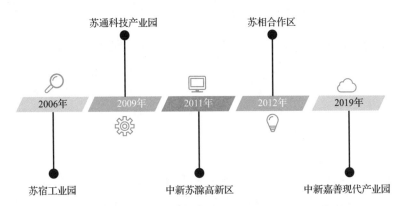

图 3-2 苏州工业园异地实践"园区经验"项目路线图

四、启示与反思

简而言之，苏州工业园区的制胜法宝可以总结为"**高起点对标 + 高标准规划 + 服务型政府 + 市场化运作 + 亲商型理念 + 敲门式招商 + 一站式服务 + 花园式园区**"。经济学家任泽平提到当年苏州力挫群雄成为中新合作工业园的首选地，成功的关键是"**长三角区位优势 + 极佳的营商环境 + 清亲的政商关系 + 外向型经济 + 制造业立市**"，因此，可以说是苏州造就了苏州工业园区。

从"苏南模式"到"新苏南模式"：无锡蝶变密码

谈及"苏南模式"，大家首先想到的可能是苏州，实际上无锡才是"苏南模式"的真正发源地。无锡，中国乡镇企业最早萌芽的地方，号称"中国乡镇工业的摇篮"，诞生了"华夏第一县（无锡县）""天下第一村（华西村）"等。

如今的无锡，在实体经济、品牌打造、转型发展等领域已然成为众多城市学习的标杆，完美实现了从"苏南模式"到"新苏南模式"的华丽转身，无锡究竟做对了什么？

一、3大标杆

1. 实体经济"表率"

实体经济发达是无锡最为鲜明的优势，也是无锡高质量发展的重要根基。无锡秉承"实业报国"精神，聚焦实体经济，在实体经济中贡献最大的是制造业。2020年无锡企业入围中国企业500强14家、中国制造业企业500强26家、中国民营企业500强26家，均居江苏首位。

2. 品牌经济"样本"

一直以来，无锡十分重视品牌企业打造和发展环境营造，"草根型"品牌企业在无锡快速成长。近年来，无锡更加注重健全质量管理体系，着力打造知名品牌，着力提升品牌影响力，形成了海澜、红豆、雅迪、新日、小天鹅、法尔胜、阳光、远东等一大批在全球颇具影响力的优质品牌，这些品牌企业成为无锡制造业转型升级的引领者，更向全世界展现了"无锡制造"的品牌形象。

3. 绿色转型"典范"

曾经的无锡经历了生态危机的阵痛，随后便坚定"舍得金山银山，赎回绿水青山"的信念，坚持把推进太湖治理作为建设"强富美高"新无锡的重要战略举措，推进以太湖治理为抓手的生态文明建设，创建环湖生态示范区；积极推动由资源依赖型向科技创新型转变、由粗放发展向绿色发展转变，创造了绿色转型的"无锡经验"。

二、华丽转身

回顾无锡的发展历程，可划分为四个阶段（见表 3-6），每个时期、每个阶段，都有一次精彩绝伦的"华丽转身"。

表3-6　无锡发展历程

发展历程	时间	经济特征	产业方向
1.0萌芽阶段	1978年之前	民族工商业兴盛	布匹、丝绸、造船等工商业
2.0起步阶段	1978—1991年	乡镇经济发展	机械、纺织、化工、冶金等
3.0快速发展阶段	1992—2012年	外向经济活跃	电子信息、精细化工、品牌服装
4.0高质量发展阶段	2013年至今	创新转型引领	智能装备、物联网、生物医药环保设备、文化旅游

1. 萌芽阶段（1978年之前）：民族工商业兴盛

历史上的无锡是我国知名的"米市""布码头""丝码头"。20世纪早期，无锡民族工商人士利用上海口岸便利的通商条件，创办近代民族工业，布匹、丝绸、造船等工商业兴盛，此阶段无锡的民族工商业飞速发展，民族工商业经济量位居全国前列，素有"小上海"之称。

2. 起步阶段（1978—1991年）：乡镇经济发展

二十世纪七八十年代，无锡以农村联产承包责任制改革为契机，加快体制改革和理念更新，率先探索创造了"苏南模式"，通过大力发展乡镇企业使县域经济全面进步，走出独具特色的农村工业化县域经济发展模式，机械、纺织、化工、冶金等产业快速发展，乡镇企业成为推动无锡经济发展的新动力，无锡进入了工业化初期阶段。

3. 快速发展阶段（1992—2012年）：外向经济活跃

1992年，无锡主动呼应浦东开发开放重大战略决策，着力实施"外向带动"战略，积极利用外资，鼓励乡镇企业以合资等形式主动开拓国际市场，向电子信息、精细化工、品牌服装等领域拓展。这一时期，无锡对外开放的规模越来越大、领域越来越广，外向型经济得到快速发展。

4. 高质量发展阶段（2013年至今）：创新转型引领

无锡积极破除"重GDP"的思想束缚，加速转变经济发展方式，坚持创新驱动，加快创新型城市建设步伐，打造科技创业的"东方硅谷"。无锡明确提出"产业强市"这一主导战略，重振制造业雄风，依托自身产业基础闯出了一条创新引领、转型提质的新发展路径，着力从信息技术、软件开发、工业互联网等方面培育智能制造服务商。近年来，无锡加快推进休闲度假与文化创意等产业的融合发展，推动健康养生、医疗服务与休闲旅游等产业联动发展，拈花湾、灵山景区、无锡影视基地等快速发展。

三、成功密码

无锡为何能在实体经济、品牌打造及绿色转型中成为中国各地对标学习的样本呢？

1. 解放思想＋改革创新，抢占发展战略先机

回顾无锡历次发展转型，特别是改革开放四十多年的历程中，无锡在市委市政府的引领下，敢为人先、与时俱进，勇于突破传统束缚，坚持解

放思想和改革创新，在发展浪潮中锐意进取，抢占战略先机，无论是乡镇经济、县域经济还是民营经济、产业转型都取得了傲人成绩，奠定了无锡在全国的发展地位。

2. 融入长三角+接轨大上海，打造长三角重要中心城市

无锡紧抓长江经济带、长三角一体化、上海大都市圈区域协同等国家战略机遇，建设太湖湾科创带，共建苏锡常国际大都市区和环太湖科创圈，打造长三角先进制造核心区、技术创新先导区、绿色生态标杆区，加快建设长三角世界级城市群的重要中心城市。

3. 科技赋能+产业转型，培育创新生态网络

2021年，无锡对标东莞松山湖，建设宛山湖科技城，积极争取太湖国家实验室的落户。无锡举全市之力推进太湖湾科创带建设，将其作为"头号工程"，着力打造自然环境优美、产业实力强劲、城市配套完善的科创"主战场"。以无锡市物联网产业为例，无锡市委市政府提出"智能化、绿色化、服务化、高端化"发展战略，为无锡构建物联网产业生态形成强大助力。

4. 龙头引领+品牌打造，激发动力新引擎

无锡产业的高质量发展离不开一大批龙头企业和品牌企业的示范带动和一批骨干型企业的支撑。无锡重点在每个产业集群里培育10家以上的上市企业，在无锡100家A股上市公司中，有80%以上的企业为民营企业，并着力打造品牌企业，向"品牌化、现代化、国际化"方向发展，提升品牌价值和影响力。无锡上市公司主要聚焦在化工、机械设备、电气设备等特色优势行业，以民营上市公司为龙头和牵引，使得无锡城市的民营经济增加值、民企集团数量、民企从事制造业占比、民营经济出口额等指标，一直在江苏全省领先。

5. 保姆制+专员制，营造一流营商环境

无锡注重营商环境，与国际一流营商环境对接，树立并竭力打造"无难事、悉心办"六字营商环境品牌，明确了发展产业、管理行业、服务企业、

扶持创业的服务导向，组建企业专员服务队伍，将高新技术企业、重点人才企业列为重点服务对象，对企业"有事必到、无事不扰"，助力企业高质量发展，用心用情，为企业办难事、办实事。

概括无锡屡屡"华丽转身"的秘诀，那就是"**战略性思维 + 开放性融入 + 绿色化转型 + 创新型生态 + 品牌化企业 + 专员制服务**"。

"低调"的宁波做对了什么

相对于上海、杭州、温州等名城，宁波低调内敛，但实力不容小觑。宁波不仅航运发达，城市实力同样雄厚，早在 2018 年，GDP 就已破万亿元大关。宁波究竟做对了什么？

一、浙江"扫地僧"

与上海相比，宁波的生活节奏较慢，曾被称为"中国最低调的城市"。如果说无锡是江苏的"扫地僧"，那么宁波就是浙江的"扫地僧"。2018年，宁波的 GDP 达 10745.5 亿元，成为全国第 15 个进入"万亿俱乐部"的城市。其实，"扫地僧"这个称号同样可以用在"宁波帮"、宁波企业、宁波本土企业家身上，他们在各自领域内做深做细、长期耕耘。

二、4大转变

1. 从"三江口时代"到"湾区时代"

曾经，以三江口为圆心，孕育出了宁波这座历史文化名城。余姚江、甬江、奉化江交汇形成的三江口可以说是宁波传统的城市中心。如今，宁波中心城区框架不断拉大，逐步跳出"三江口"，并积极推进宁波都市圈建设，构筑以中心城六区为核心、以余慈地区和宁海象山组团为两翼、以卫星城与中心镇为节点的网络型都市区，并向"湾区时代"跨越。

2. 从"区域性内河小港"到"世界级一流大港"

宁波港地处沿海和长江"T"字航线的交汇点，地理自然条件十分优越。曾经，宁波港在很长时间里是一个名不见经传的区域性内河小港，新中国成立时货物吞吐量仅 4 万吨。2006 年，宁波—舟山港挂牌成立，成为中国大陆大型和特大型深水泊位最多的港口；2017 年，宁波—舟山港成为人类历史上第一座 10 亿吨大港；2021 年，宁波—舟山港货物吞吐量首次突破 12 亿吨，货物吞吐量连续 13 年居全球第一名，集装箱吞吐量位居全球第三名。如今，宁波港已经实现由"区域性内河港"到"国际性、综合型港口"的跨越。

3. 从"浙江东部小城"到"国际港口名城"

曾经，宁波仅仅是浙江东部一个不起眼的沿海小城，城乡二元结构明显，城镇化水平较低，城市风貌不突出。宁波积极对接"一带一路""长江经济带"两大国家战略，加快临港工业转型升级，强化城市能级、文化内涵、综合品质等，新型城镇化持续推进，城乡统筹水平位居全国前列。

如今，宁波以港口为基础，增强创新驱动能力、港口经济特色和综合竞争力等城市硬实力，推动宁波经济总量跃升至全国第 12 名，实现从"浙东小城"向"国际港口名城"的华丽转身。

4. 从"临江依湖濒海"到"拥江揽湖滨海"

近年来，宁波实施"拥江揽湖滨海"战略，着力打造东钱湖新城、滨海新城等"拥江揽湖滨海"城市发展轴线上的核心节点。从"江"到"湖"再到"海"，不单单是空间的拓展，更是宁波都市圈区域格局的重塑，宁波将逐步实现从"江城"向"湖城""海城"的跨越。

三、宁波经验

1. 主动担当，积极融入"长三角"

融入"长三角"和上海大都市圈是宁波贯彻落实浙江省委省政府战略

部署的具体应对，更是推进"名城名都"建设的关键抓手。特别是长三角一体化上升为国家战略后，宁波开展顶层设计，积极融入长三角一体化，主动接轨上海创新优势，建成高质量产业体系，力图在国家战略中进一步明确自身方向和战略定位。宁波主动担当"长三角先进制造中心""长三角港航物流中心"等重要战略功能，集中打造"长三角南翼经济中心"，当好长三角一体化发展"排头兵"。

2. 杭甬一体，共同唱好"双城记"

杭甬是领跑浙江发展的两座城市，两地优势互补性强。宁波具有港口、先进制造、外贸出口等核心优势，杭州具有数字化、人才集聚等优势；杭甬两地在产业上存在明显差异，杭州注重"精"，努力打造成为以"互联网＋"、信息技术、数字经济为代表的产业体系，而宁波的工业在于"大"，如装备制造业等。可以说，杭甬互补发展是双赢之举，已经成为两地共识。近年来，宁波主动携手杭州共同推进湾区建设，与杭州协同发展、错位发展，与杭州加强规划编制、资源协同、平台共建、产业协作、交通互联、生态共保等方面的衔接，加速实现杭甬一体化、同城化，共同唱好"双城记"。

3. 审时度势，始终坚持"以港兴市"

纵观宁波近几十年发展历程，可以发现宁波在各个发展阶段始终把握发展大势，抓住国家重大历史机遇，并能坚守战略定力。以港口建设开发推动宁波城市发展，成为宁波历任领导的共识，无论是改革开放初期，宁波确立"以港口促工贸"的战略思路，走出一条以港口开发带动商贸的道路，还是后来提出的"以港兴市、以市促港"的发展战略，通过临港型产业的发展助推城市地位不断提升，始终突出区位及港口优势。

4. 首创精神，着力发展"民营经济"

曾经，宁波非常尊重和鼓励广大群众的首创精神，许多农民自发联合创办股份合作制乡镇企业，使乡镇企业迅速发展。如今，宁波推动全民创业创新，大约每五个宁波人中就有一个创业者。民营企业和民营经济激发了宁波经济的活力，凸显着宁波经济的地域特色。

5. 解放思想，持续推动"先行先试"

宁波之所以能在城市竞争中脱颖而出，离不开广大干群敢想敢干的思维创新，敢于破除小富即安、故步自封等传统观念，抢抓机遇、对照标杆、寻找差距、争先进、创一流。解放思想的根本在于敢于"先试一步"，在这方面宁波创造了众多"全国率先"的实践，是宁波解放思想、进行创造性探索的集中体现。

"合肥模式"背后：
启示与警示

一、"风投之城"何以炼成

合肥，自古有"江淮首郡、吴楚要冲"之美誉，属兵家必争之地。然而，在历史长河中，合肥始终游离于中心之外。近年来，历史天平似乎开始向这座昔日默默无闻的小城倾斜。尤其在产投界，合肥之所以能在京东方、长鑫存储、蔚来等数次巨型投资中屡获成功，看似偶然，背后实则有其必然性。

经过十多年的实践，合肥已经逐步探索出适合自身的一套投资逻辑，形成了一系列制度化产业投资顶层框架设计、一批成熟的专业化技术型部门团队、一系列多元化投融资平台，涌现了一个个极富战略眼光、市场意识又敢于担当的战略决策者。同时，需要特别指出的是，合肥在整个决策过程中非常重视第三方智库咨询机构的参与，从而成功孕育出一批又一批龙头型投资成果。

每座城市看似都能复制推广"合肥模式"，但真正实施起来未必奏效。仅就产业投资来看，以上总结看似深入了规律总结层面，但熟知区域和城市发展的人知道，区域和城市是巨大的系统，任何要素都并非孤立，而是彼此交织的。倘若从宏观视角来审视，以上结论又似盲人摸象。

二、战略制胜

战略即洞见！选择大于努力！合肥于 2011 年进行划时代意义的区划调整，拆分地级市巢湖市，将巢湖划归合肥城市内湖。也正是从此时开始，合肥整个城市的气质发生了翻天覆地的变化，真正由偏安皖中一隅的小城格局转变成"襟江淮而带巢湖、拥蜀山临大别山而望黄山"的大山大水。

1. 跳出中部，挤进长三角

合肥自 2011 年之后就愈加明确战略转向，重塑国家层面战略价值，逐步淡化中部省会城市身份，着重强化长三角身份认同，并增强与长三角的互动。

从打造皖江城市带，到先部分加入，再到 2016 年全面融入，合肥顺利跻身长三角城市群，成为副中心城市。正因如此，安徽和合肥获利颇丰，合肥"米"字形高铁枢纽成形，长久以来发展的交通瓶颈迎刃而解；顺利加入 G60 科创走廊；全面进入长三角整体产业链、价值链和创新链之中。

2. 明确"强省会"战略

虽一直被调侃为"霸都"——霸占全省之资源为一家所用，但必须指出，合肥之所以有如今成就，得益于"强省会"战略决策。"强省会"使合肥抢得战略先机，成为全省"火车头"，在国际、全国和区域层面获得诸多头部资源，才有了如今合肥和全省的发展。

2008 年，合肥全面财政仅 300 亿元，投资京东方近 175 亿元，导致不得不停建地铁。如今来看，投资很成功，但依然能感到悲壮色彩。合肥财政今非昔比，一方面得益于产业的发展，另一方面来自"强省会"战略，全省人口集聚，城市空间框架拉大，人口红利和土地红利叠加丰厚的土地财政收入使然。并且，很多投资之所以选择合肥，也是看中其丰富的人口红利。

3. 笃定"大湖名城、创新高地"总体战略

自 2011 年区划调整伊始，合肥就组织制定城市空间战略规划，在此

规划中明确了"大湖名城、创新高地"的总体战略,一直沿用至今。也正是如此,合肥城市也由原有的局促空间实现了跨越式发展,以及城市空间格局重塑,向通江达海迈进。

尤其值得一提的是,"合肥创新高地"的打造。自 20 世纪中叶,中国科学技术大学迁至合肥之后,创新就已经真正融入合肥城市发展的血液甚至基因之中。

战略笃定重塑了城市文化基因、发展底层逻辑,进而逐步改变了城市整体发展轨迹。同时,战略笃定从更深层次改良了合肥整体政治生态,具体来说便是坚持"一张蓝图绘到底",使得各届领导班子接续奋进、久久为功,由此营造出良好的政商环境和营商环境。

产业投资也好,人才也罢,先是看好城市未来,才会选择前来。由此可以说,合肥成功逆袭的本质是战略制胜。

三、启示与警示

1. 投资蔚来成功受到广泛关注

之所以地方政府投资成功受到如此关注,恰恰是因为太稀缺。但更多的是为其成功而欢呼,而对其背后暴露出的投资风险之大则鲜有关注,甚至说故意忽略。

从各界关注的视角更能说明问题,多数所谓"合肥模式"的分析总结,仅关注成功结果和盈利数额,并未关注其底层逻辑,错把偶然当必然,与其说是解读,倒不如说是"误读"。

2. "合肥模式"是否具有普适性

(1)合肥模式究竟能否定义为成功还需时间检验。从合肥城市发展来看,确实取得了巨大成就。但从全国城市整体来看,尤其是省会城市在快速崛起,合肥还有很大的提升空间。从产业发展规律来看,虽然京东方、长鑫存储、蔚来在短时间内呈现爆发式增长,但判定任何一个产业的发展,必须放置于长时段内综合审视，而不能在短时段内做局部放大。

（2）**何谓"合肥模式"**。其实很多人讨论合肥发展时，很容易将合肥产投和科创发展混为一谈。如果深入分析，便能梳理出两者之间虽看似有关联，但实则是两条不同的路径。而各界目前更关注的是产投成功之道，也就是投资京东方、长鑫存储和蔚来的成功经验总结。单就产投来看，这实际上对多数城市尤其是中小城市并不适用，不可盲目跟风。投资本身就充满巨大风险。合肥之所以敢于投资，在于其作为省会城市，有相对雄厚的财力，但对于多数中小城市来说则是性命攸关的。

同时，一味将本应用于公共领域和民生领域的有限国资，盲目投向充满极大不确定性和本应属市场行为的产业领域。一方面，可持续性有待商榷；另一方面，存在极大风险性。当然，这并非要全盘否定国资参与产业投资，而是要审慎，根本的解决之道还是依靠市场力量来推进。

（3）**产学研和成果转化为特色的合肥科创模式可望而不可即**。在研究合肥过程中，我们会很尴尬地发现，即使科研实力强如合肥，历经数十年持续精进，至今也仅仅孕育出科大讯飞等寥寥数个科创型企业，带动全市产业整体发展的能力仍十分有限，再次证明单纯依靠产学研、成果转化很难带动一个地方发展，对绝大多数中小城市更是如此。这其实也给许多城市敲响了警钟，单纯科创，尤其是产学研发展模式，对城市的实际带动作用尤其是短期带动作用有限，不可孤注一掷；盲目追求科学城、科技城、科创走廊，引进高校和科研院所，到头来极有可能事倍功半，或者是徒劳，甚至是事与愿违。

3. 究竟应该向合肥学什么

（1）**危与机**。机遇永远留给有准备的人。多数人、多数城市总是怨天尤人，觉得时运不济，岂不知根本原因还在于自身。无论是中科大，还是京东方，以及蔚来，每次摆在合肥面前的并非"先手棋"，但都在其手中妙手回春，值得众多区域和城市深思。

（2）**战略与战术**。学其超前系统战略谋划，而非临时抱佛脚；学其上下同心、久久为功、"一张蓝图绘到底"的战略笃定，而非朝令夕改；学其积极作为、敢于担当，而非懒政无为、推诿扯皮；学其长期价值投资，而非短期跟风投机；学其善于借力外脑智库力量，而非闭门造车。

四、未来可期

1. 尽快启动金融中心建设，争取科创板交易市场布局合肥

对比全球几大科创中心，就能发现一条规律——科创中心与金融中心犹如一对孪生子，真正具有国际影响力的科创中心，必然同时是金融中心，硅谷、上海、深圳等皆如此。尤其是深圳，之所以能在科教资源匮乏的情况下，跻身成为全球科创中心，在于其一方面有宽松的市场制度环境，另一方面正是借助了发达成熟的金融资本市场，并紧邻香港金融市场；相反，绝大多数的科教中心未能成为科创中心，根本原因在于缺少金融资本加持。对照国内外，此类案例比比皆是，如西安、南京、武汉等科教中心和基地并不少，但真正成为科创中心的屈指可数。

不同于以往劳动密集型传统工业化模式，科创中心属于技术密集型，与资本密集型是相伴而生的。尤其是综合性国家科学中心，单纯依靠科创资源配套，单纯依靠国家输血型财政补贴，注定不会长远，根本之道在于适时放开金融证券市场，依靠资本市场力量助力科创发展。一句话，科学中心必然是资本金融中心，科学中心与金融中心成就科创中心和智造中心。回看合肥数十年的科创发展历程，在肯定其取得了巨大科创成绩的同时，不可忽视产业相对匮乏、潜能无法释放等窘境。

因此，未来当务之急是尽快启动区域性甚至全国性金融中心建设，积极争取证券交易市场、科创板交易市场建设，从根本上解决科创与产业之间金融资本缺失的短板。

2. 打造宁（南京）合（肥）双城经济圈，跻身全球科创中心

合肥、南京距离仅 100 多千米，若以行政区边界来算，更是不足 100

千米，可以说是全国层面距离最近的两个省会城市。先前受各自实力和发展阶段所限，自顾尚且不暇，有的多是竞争，遑论合作。但今日之合肥和南京如能联手，积极推进合肥、南京都市圈一体化发展，甚至是同城化发展，构建宁合双城经济圈，凭借彼此科教、经济、人口、政策等优势，将成为唯一的两大省会城市联手、唯一的两大综合性国家科学中心联手，真正串联中东部，辐射长江中下游，具有重大战略意义，能够在上海大都市圈、苏锡常都市圈、长江中游城市群等的多方夹击中异军突起，极有可能跻身全球科创中心、全国重要增长极，获取更多头部战略资源，抢得发展先机，实现真正的跨越式发展。

3. 打好巢湖牌，积极申报滨湖新区成为国家级新区

虽然 2011 年巢湖划归合肥，但多年来合肥将更多的精力聚焦于创新高地的打造，对巢湖价值的挖掘不够，而这恰恰是在未来生态文明时代抢占战略制高点的法宝。

一方面，用高标准、高水平、高起点建设滨湖新城，并积极申报滨湖新区成为国家级新区；另一方面，应充分借鉴苏州、无锡发挥濒临太湖特色，着力打造美丽山水湖城的成功经验，着力营造更具魅力、更富竞争力的城市空间，构建功能布局合理、尺度适宜、环境优美、生活舒适的城市空间格局，从而吸引高端人才与优质项目。

4. 对标奥斯汀、成都，打造青年友好型城市

放眼全球科创发展史，会发现合肥与奥斯汀的发展轨迹极其相似，都是依托顶尖科教资源（德州奥斯汀分校与中科大）成为科创中心。奥斯汀能够成为全球科技巨头争相布局的重镇，其中一个重要因素就是奥斯汀集聚了大量高端创新人才，而吸引这些年轻人才的重要原因除科教资源外，就是奥斯汀常年不衰的品牌音乐节。

同样，深圳之所以成为科创中心，一个重要优势就是集聚了大批优秀年轻人才；成都更是因其城市的自身气质，加之动感、时尚、潮流、艺术、休闲等多元要素，成为一座"来了就不想走"的城市，吸引大批年轻人前来，

而大批科技企业和科创资源因人才集聚而来，从而使其科创产业获得巨大发展。

　　相比而言，合肥多年来更注重对科创资源的培育，甚至"就科创谈科创"较多，对科创之外看似无关的要素培育则关注不够，但正是这些看似无关的要素，恰恰是年轻消费群体最需要的。合肥在未来应该积极学习借鉴奥斯汀、深圳、成都、重庆的成功经验，在文创、时尚消费、艺术休闲等方面发力，加大面向年轻消费群体的市场供给，成为一座年轻人心向往之的城市。

"佛山功夫"的秘诀是什么

在中国的"城市江湖"中，有的城市熠熠生辉，有的城市早被遗忘，如果要选出一座最具江湖气质的城市，那就是佛山。

提到"佛山"，你会想到什么？对大多数人来说，第一印象应该是以前的老电影，佛山无影脚、黄飞鸿、咏春叶问、李小龙等。近年来，随着《舌尖上的中国》热播，佛山的另一个特色被人们所熟知，那就是美食。在珠三角，顺德美食文化由来已久，曾有"吃在广东，厨出凤城（顺德）"之说，人们对于佛山的最初印象停留在其武术和美食文化上。

佛山是全国最大的家电制造基地。20 世纪 80 年代，佛山大力发展小家电产品，逐步形成规模，并引进德日等先进生产技术，奠定了雄厚的家电生产能力。随后，美的、格兰仕、万和、万家乐、科龙、容声等品牌一鸣惊人，佛山成为名副其实的"中国家电之都"。

同时，佛山是"中国陶瓷名都"。建于明代的南风古灶薪火相传，至今 500 多年，是世界现存最古老的活态陶瓷柴烧龙窑。发展至今，佛山成为全国最大的建筑陶瓷生产基地和集散中心，涌现了蒙娜丽莎、大将军、东鹏、顺辉、鹰牌、新中源、新明珠、钻石、金舵、箭牌等知名品牌和极具竞争力的陶瓷企业，陶瓷已发展成为佛山的重要支柱产业。

与广州、深圳相比，佛山的知名度和影响力相对较低，但其实力不容小觑。2019 年佛山 GDP 突破了 1 万亿元大关，成为第十七个跻身"万亿俱乐部"城市，甚至早于济南、合肥、福州、西安等众多省会城市。

一、从"岭南重镇"到"智造之都"

1. 1.0阶段——岭南重镇、工商发达

早在唐宋时期，佛山即水陆交通四通八达，商贸业、手工业异常繁荣。特别是在北宋年间，佛山由于水运发达，发展成为商贾云集、工商业发达的岭南重镇，到明清时期更是与汉口镇（湖北）、景德镇（江西）和朱仙镇（河南）并称中国的"4大名镇"。商贸的繁荣促进手工业迅速发展，使佛山迅速成长为岭南地区重要的纺织、陶瓷、中药等制造中心和商品集散地。

2. 2.0阶段——开放门户、外向经济

佛山，因开放而兴，因开放而强。1978年，顺德大进制衣厂从佛山起步，开启引进外资的序幕，佛山坚持"大商业、大市场、大流通"的战略思路，形成了"前店在港、后厂在佛"的创新发展模式，积极打造珠三角对外开放门户。外向型经济在佛山蓬勃发展，随后在珠三角形成燎原之势。

3. 3.0阶段——南国明珠、智造之都

进入21世纪，佛山始终将制造业发展作为立市之本，研判并紧抓发展大势，提出实施品牌带动战略，对本土支柱产业、特色产业、优势产业加强引导，鼓励企业提升自身品牌效益，并为企业搭建营销平台。美的、格兰仕、万和、万家乐等一大批佛山企业通过不断提升产品质量，成功脱颖而出，打响自主品牌。佛山找准了自身在全球、全国的发展定位，按照"世界科技＋佛山智造＋全球市场"的创新发展思路，走上推动低端产业升级为创新要素汇聚的"佛山智造"之路，助力佛山成为全国第十七个、广东第三个GDP破万亿元城市，成为名副其实的南国明珠、智造之都。

二、"佛山功夫"秘诀

1. 立足湾区，建设粤港澳大湾区重要节点城市

佛山抢抓粤港澳大湾区重大战略机遇，深入贯彻国家级和省级的战略

部署，通过加强区域合作，加快推动产业协作，持续提升开放水平，进而不断提升城市综合竞争力，建设成粤港澳大湾区重要节点城市、珠三角西翼经济贸易中心、综合交通枢纽，引领粤港澳大湾区深度参与国际合作。

2. 广佛同城，共同建设"广佛超级城市"

如果把粤港澳大湾区比作一架飞机，那么其核心动力"双引擎"就是"广佛+深港"，由此可见广佛在粤港澳大湾区的地位。广佛同城合作是佛山推进区域合作、构建开放格局的根基，已然成为国内同城化发展的典范和标杆，同城化程度和质量都走在了全国前列。

2009年，广州、佛山共同签署《广州市佛山市同城化建设合作框架协议》，广佛同城化建设正式启动。两市于2010年开通国内首条城际地铁——广佛线，18条地铁互通两地，跨市衔接的公交线路超百条。2020年，广佛同城化升级，两市共同编制《广佛高质量发展融合试验区建设总体规划》，在城市规划建设、产业发展、设施建设、生态保护等领域开展深入探索和对接，培育先进装备、汽车、新一代信息技术、生物医药与健康4个万亿元级产业集群，共建产业协同生态圈。

3. 制造立市，创建制造业转型升级示范市

"世界制造看中国，中国制造看佛山"。如果用一句通俗的话来形容佛山的制造业有多强，那就是广为流传的"有家就有佛山造"。佛山制造早已深入百姓日常生活，无论是家装材料还是家具家电，制造业成为佛山的城市根基和城市名片。

佛山始终坚持制造立市、强市，积极引领建设珠江西岸先进装备制造产业带，是全国唯一的制造业转型升级综合改革试点，家具家电、建材陶瓷、装备制造等特色优势产业实力雄厚，新能源汽车、电子信息、机器人等新兴产业蓬勃发展，由中低端向中高端迈进，一跃成为全国乃至全球重要的制造业基地。

4. 品质赋能，构建佛山特色先进标准体系

标准决定品质，品质决定品牌。为了实现高品质发展，佛山坚持"国

内领先、国际先进"的定位，创新性打造了"佛山标准"，聚焦佛山制造业重点产业优势产品，从标准、质量、创新、品牌、效益、社会责任等维度对产品进行综合评价。已制定 30 项"佛山标准"，涉及家电、陶瓷、卫浴、铝型材等 10 大领域，培育一大批先进标准、优质产品、品牌企业，成为佛山的"金字招牌"和品质标杆，佛山标准已经成为具有全国知名度和影响力的区域品牌，引领中国制造从量向质突围。

5. 文化塑魂，打造文化导向型城市

文化是城市的"根与魂"。作为岭南文化的重要发源地，佛山文化底蕴深厚，早已提出打造"文化导向型城市""文化与产业融合发展""文化助力城市建设提升"等文化升级策略，近年成功举办中国金鸡百花电影节、国际篮球世界杯、首届中国龙舟大奖赛、广东（佛山）非遗周等大型文体活动，着力打造"世界功夫之城""博物馆之城""南方影视中心"等，实现从"文化大市"到"文化导向型城市"的跨越。

6. 敢为人先、勇当先锋

佛山人始终秉持敢为人先、敢闯敢干的创新精神。无论是 20 世纪末的农村土地股份合作制改革、公有企业产权改革，还是如今的大部门制改革、行政审批制度改革等，始终走在全国前列。在民营经济发展方面，佛山大胆放手发展民营经济，大力实施促进民营经济高质量发展系列政策，大胆尝试政策性金融工具和减税降费，建立企业"暖春"行动常态化，大力弘扬企业家精神和工匠精神，涌现出一大批细分行业"隐形冠军""中国民营企业 500 强""世界 500 强"企业。

三、展望未来

佛山之所以在城市发展、制造业、文化品牌等方面这么能"打"，可总结为**"立足湾区 + 广佛同城 + 制造立市 + 品质赋能 + 文化塑魂 + 敢为人先"**。展望未来，佛山正积极从曾经的国际分工配合者、科技创新追随者、贴牌生产依附者，向全球价值链主导者、自主研发驱动者、产业分工引领者转变。

东莞：从"世界工厂"到"智造之都"

1987年，一篇名为《广东跃起四小虎》的报道发布，"广东四小虎"横空出世，让东莞、中山、顺德、南海名声大噪，引得世人关注。其中，东莞位居"广东四小虎"之首，一度被称作"东莞塞车，全球缺货"的"世界工厂"。经过四十余年快速发展，2021年东莞经济规模破万亿元，实现了从一个GDP仅6亿元的农业县向万亿元经济大市的华丽转身，创造了一个又一个举世瞩目的"东莞奇迹""东莞速度"。

一、激荡40年：从"世界工厂"到"制造之城"

东莞是改革开放先行区，其早期发展主要得益于改革开放带来的政策红利，从1978年开始，四十多年间东莞走出了一条独具自身特色的发展路径，大致可以划分为创业阶段、起飞阶段、提质阶段、转型阶段。

1. 创业阶段：1978—1985年

1978年，东莞仍是一个农业县，工业较为薄弱，仅有五金机械、烟花爆竹、草织、腊肠等传统产业。改革开放后，东莞借势以"三来一补"为着力点，发展外向经济，1978年9月，全国第一家"三来一补"企业——东莞太平手袋厂创办，正式拉开了东莞改革开放的大幕。东莞镇街经济快速发展，各镇村纷纷承接各种"三来一补"业务，这种独特的发展模式在珠三角迅速铺开。截至20世纪90年代末，东莞已有"三来一补"

企业两千多家，遍布全市 70% 的乡镇村。自此，东莞"世界工厂"的地位逐步确立。

2. 起飞阶段：1986—1995年

在这一阶段，东莞持续推进工业化和城镇化进程，在外资的驱动下，经济总量连年跃升，同时，大规模推进基础设施建设。东莞的对外贸易在这一时期达到巅峰，进出口总额破千亿元，外向依存度达到历史最高值。

3. 提质阶段：1996—2010年

东莞积极推动产业发展从劳动密集型向技术密集型和资本密集型转变，从规模型向质量型转变。这一时期，东莞重点发展以 IT 产业为代表的高新技术产业，世界 500 强的外资企业中近百家在东莞投资办厂，如三星、飞利浦、日立、三菱、三洋等国际企业均在东莞投资办厂或开展技术合作，民营经济与外资企业协作配套逐步成长。

4. 转型阶段：2011年至今

进入新发展时期，东莞坚持发挥科技创新的战略支撑作用，将科技创新融入发展，主动转变发展思路，大力创新发展模式。随着 2017 年广深科技创新走廊规划的出台，东莞积极启动东莞中子科学城、松山湖材料实验室建设。良好的创新生态吸引华为终端总部入驻松山湖，并建设研发中心。进入粤港澳大湾区时代，在"天时地利人和"之下，东莞加速迈进科技创新的快车道。

东莞紧抓战略性新兴产业发展机遇，着力发展以智能手机为代表的电子信息，为工业的快速发展奠定了坚实基础，高新技术产业、先进制造、民营经济等快速发展，推动经济平稳发展，同时，科技研发、金融服务、信息服务等现代服务业逐步活跃，工业化进入高级发展阶段，产业结构明显改善，助力新一轮高质量发展。

二、东莞做对了什么

1. 开放融入、拥抱湾区

东莞始终坚持开放共享、对接融入，与广深等国家中心城市积极加强互动，以创新协同、产业合作、设施共建、平台共享、生态共保为重点，深化区域合作。随着粤港澳大湾区建设持续推进，来自深、港等地的创新要素向大湾区其他城市加速外溢和集聚，东莞积极对接深圳，承接深圳产业外溢，对接深圳先行示范区建设，打造高水平对外开放高地。以科技创新的对接融入为例，东莞积极打造以松山湖科学城为主阵地，串联广州科学城—深圳光明科学城—南山区中央智力区—深港科技创新合作区，打造广深港澳科技创新走廊的中流砥柱。

2. 制造立市，占据中国制造业城市"第一梯队"

东莞，一座以制造立市的城市，无论是"世界工厂""制造之都"，还是"玩具之城""家具之都"的称号，可见东莞的兴盛与制造业息息相关。制造业可谓东莞立市之本，工业占东莞经济总量的 50% 以上。东莞始终坚持以制造业为发展抓手和着力点，将制造业作为城市和经济发展的根基，目前已形成电子信息、装备制造、家具、鞋帽服装等一批优势产业集群，稳居全国制造业城市第一梯队。

3. 动能转换，做强做实战略性新兴产业

近年来，东莞积极实施"制造强国战略"，以传统制造业智能化改造为主攻方向，加快新旧动能转换，持续提升企业核心竞争力，全面加快推进传统企业转型升级的工作步伐，在电子信息制造业、智能制造装备、智能输配电设备等领域探寻突破口，并围绕战略性新兴产业，着力培育松山湖生物医药产业基地、东部智能制造产业基地、东莞新材料产业基地、东莞数字经济融合发展产业基地、东莞水乡新能源产业基地、临深新一代电子信息产业基地、银瓶高端装备产业基地 7 大战略性新兴产业基地，将东莞打造成以新一代信息技术和智能装备为特色，具有世界影响力的先进制

造业基地。

4. 产业本土化，大力发展民营经济

曾经，由于一直发展"三来一补"业务，东莞在产业链和价值链中处于跟随者的地位，可以说，缺乏根植性曾经是东莞产业发展的一个短板。进入 21 世纪，东莞明确提升民营经济的重要战略地位。从产业政策、技术改造、金融服务、人才支持等众多层面为民营经济、民营企业发展提供全方位支持，如今的东莞，民营经济成为城市内生动力和产业支柱力量。

三、反思——三个问题

尽管近年来东莞的发展可圈可点，但是仍存在一些问题和发展瓶颈，成为制约东莞进一步实现高质量发展的"绊脚石"，值得反思。

1. "世界工厂"标签亟须淡化

提起东莞，多数人依然想到的是其发达的制造业，"世界工厂"仍然是东莞的一个尚未甩掉的标签。整体来看，东莞产业层次偏低，梯度产业结构并未形成，对特定产业依赖性较强，本土自主品牌相对缺乏，战略性新兴产业、生产性服务业、新动能亟待加快培育。

2. 科技创新能力有待提升

东莞面临的另一个问题就是创新能力问题，莞深两地地域邻近，但创新水平差距甚大。东莞的创新研发能力不强，核心技术和制造业研发能力仍面临不少问题，发展质量效益与邻近的深圳相比仍有不小差距。根据科技部中国科技信息研究所发布的《国家创新型城市创新能力评价报告2021》，通过对全国 78 个创新型城市的创新能力进行综合评价，深圳位列榜首，而东莞排名全国第 19 位，创新能力有待提升。

3. 服务短板突出、人才缺失明显

由于以往东莞过于注重劳动密集型产业的发展，导致针对科技人才、

研发人才等高端人才的引进力度和服务环境不足，特别是高品质教育资源、优质医疗资源仍存短板，城市综合环境待进一步优化。

四、3大建议

1. 从"制造之城"向"智造之都"转变

东莞应在继续坚持"制造立市"的基础上，尽快推动制造业向智能化、高端化、科技化方向发展。在加速传统制造业转型提质的同时，瞄准现代制造业"卡脖子"技术"补短板"，推动企业高质量发展，构建"高科技企业—瞪羚企业—创新型企业"的梯队培育机制，增强"东莞智造"核心竞争力，打造东莞的"城市产业 IP"。

2. 从"工业发祥地"向"创新策源地"转变

东莞具有科技创新发展的先天优势及雄厚的制造业产业基础，地处广深两大创新型城市之间，位于粤港澳大湾区和广深科技创新走廊之中。东莞应瞄准和对标世界主要创新高地和科学中心，加快集聚高端创新资源，提高城市能级，让创新驱动成为东莞城市内生动力的"主导力量"，同时在区域格局中服务好广深圳及香港，打造具有全球影响力的湾区创新高地和原始策源地，推动创新成为东莞的新动能和新名片。

3. 从"产城人"向"人城产"转变

以往以产业带动城市和人口的理念不再合适，曾经东莞的发展主要以产业带动城市建设，进而带动人口的集聚，但是由于城市公共服务短板突出，集中表现为核心服务平台的匮乏，如公共服务平台、人才服务支撑平台、创新创业平台等缺失，造成城市生活品质、创业环境、创新环境的滞后。为此，东莞需遵循"人城产"发展规律，推动"生产导向"向"生活导向"转变，坚持以人的发展诉求为根本，通过营造高品质城市环境和就业创业环境，吸引各类人才的集聚，进一步带来高端产业的集聚，逐步提升城市的发展水平。

"北方第三城"青岛能否成为下一个国家科学中心

青岛，曾经的"小渔村"，如今的"北方第三城"。青岛早已今非昔比，成为国家沿海重要中心城市、国际门户枢纽，并跻身"新一线城市"，早在 2016 年就入围 GDP "万亿俱乐部"。如今，青岛更是将深圳作为标杆，将目光瞄准"全球知名海湾都会""综合性国家科学中心"。从"海滨小渔村"到"国际大都市"，耀眼成绩背后，是青岛的默默努力和持续奋进。

一、青岛为什么要对标深圳

"南深圳、北青岛"，一南一北，遥相呼应。青岛与深圳频频同框集中于 2019 年之后。2019 年，在中央全面深化改革委员会第九次会议上提出"支持深圳建设中国特色社会主义先行示范区"以及"在青岛建设中国–上海合作组织地方经贸合作示范区"，可以说，这是国家从战略层面上在一南一北布局了两块"深化改革试验田"。虽然青岛与深圳相比还存在较大差距，但青岛紧紧抓住国家重大战略部署历史性机遇，提出"学深圳、赶深圳"，全力以赴对标深圳，积极承担国家层面的使命。

百年来，青岛城市能级飞速提升，经济体量不断突破，产业从纺织、啤酒到家电、电子，从海洋经济再到"互联网 +"、云计算等，青岛一步一个脚印，从"海滨小渔村"向"国际大都市"持续迈进（见表 3–7）。

表3-7 青岛发展历程

发展历程	时间	产业方向	经济特征
1.0时代	1922—1948年	纺织工业、橡胶制品、造纸印刷、港口货运	民族轻工业初步发展，后期陷入停滞
2.0时代	1949—1977年	石油化工、机械铸造、造船等	工业化进程持续推进，重工业得到极大发展
3.0时代	1978—2010年	家用电器、电子信息、啤酒制造	外向经济快速发展、日韩企业集聚、品牌企业崛起
4.0时代	2011年至今	海洋科技、海洋装备、生物医药、航运物流、滨海旅游、互联网工业等	临港经济、海洋经济、新兴经济快速发展

1. 轻工经济1.0时代：1922—1948年

1922年，中国收回青岛的政治主权，青岛现代工业开始兴起。这一阶段，青岛的纺织工业较为发达，橡胶制品、造纸印刷、港口货运等初步发展，但整体产业体系不够健全，工业基础较为薄弱，进入二十世纪三四十年代，受战争影响，青岛经济一度衰落。

2. 重工经济2.0时代：1949—1977年

新中国成立之际，青岛百废待兴、百业待举。这一阶段，青岛工业实现全面振兴，工业化进程不断推进，石油化工、机械铸造、造船等兴盛，产业布局逐步合理，企业规模渐渐扩大，生产能力持续提高。

3. 外向经济3.0时代：1978—2010年

改革开放后，青岛积极推动对外开放，并于1984年成为中国第一批沿海开放城市，对外贸易不断强化，主动开展国际性经济交往、贸易合作，日韩等外资企业集聚。这一阶段，青岛的国际影响力和知名度得到极大提高，1986年，青岛被列为计划单列市，1994年升级为副省级城市，城市能级和影响力极大提升。自二十世纪八九十年代开始，青岛着力实施品牌战略，海尔、海信、青啤、双星、澳柯玛"五朵金花"横空出世，让青岛这座制造业名城熠熠生辉。

4. 海洋经济4.0时代：2011年至今

2011年初，山东半岛蓝色经济区建设正式上升为国家战略，青岛抢抓国家战略机遇，进一步提升城市能级和影响力，成为中国沿海重要中心城市、国际性港口城市、滨海度假旅游城市。在该阶段，青岛始终坚持创新驱动，围绕战略性新兴产业、高技术产业，以"新产业、新业态、新产品"为特色的"新兴经济"引领产业转型升级，产业从曾经的纺织、家电、电子向如今的"互联网+"、物联网、云计算、大数据等领域转变，并大力发展海洋经济，向海洋科技、海洋装备、生物医药、航运物流、金融服务、休闲康养、滨海旅游等产业拓展，为打造全球海洋中心城市和知名的海湾都会奠定了坚实基础。

二、青岛经验

1. 找准标杆，"对标深圳、追超深圳"

深圳经过40余年的变革，实现从小渔村向国际化现代大都市的蝶变，创造了"深圳速度"，取得了举世瞩目的成就。青岛曾经也是一个小渔村，其市委市政府提出"学深圳、赶深圳"，连续选派多个批次众多干部赴深圳观摩学习，通过找不足、找差距，敢于自我剖析、自我革新，持续对标深圳，以创新引领青岛持续发展，推动青岛全面深化改革。

例如，青岛学习深圳"敢为人先"的创新精神。青岛以雄厚的工业基础为依托，对标深圳工业互联网发展经验，提出了"打造世界工业互联网之都"的发展目标，让传统产业创新融入高新技术之中，积极构建以企业为主体、以市场需求为导向的技术创新体系，面向市场进行科技研发和技术成果转化，并吸引高科技企业总部或科研基地落户青岛。

2. 对外开放，打造双循环重要战略支点

40多年来，青岛始终坚持对外开放，增强国际门户枢纽功能，逐步确立"东西双向互济、陆海内外联动"的战略地位，积极打造东北亚国际航运枢纽、新亚欧大陆桥经济走廊主要节点城市和国内国际双循环的重要战略支点。近年来，青岛对外贸易出口产品结构从低附加值初级产品逐步向高

附加值高新技术产品转变，实现从"加工制造"向"科技创造"转型。

此外，"国际客厅"已经成为青岛对外开放的新名片，打造了日本、韩国、德国、以色列、上合组织国家等国际客厅，全球的"朋友圈"逐步扩大，为打造国际化的大都市奠定了坚实基础。

3. 创新引领，争创综合性国家科学中心

如表3-8所示，青岛积极瞄准全球科技前沿，布局创新载体，增强科技创新策源能力，建设长江以北地区重要的国家科技创新基地，引领建设胶东滨海科创大走廊，引进青岛海洋科学与技术国家实验室、国家深海基地、中科院海洋大科学研究中心、国家海洋局一所、青岛海洋地质研究所、中船重工725所等一批国家级创新平台，积极布局国家实验室、大科学装置、重大创新平台等国家战略科技力量，全力创建综合性国家科学中心。

表3-8　青岛布局国家实验室、国家重点实验室列表

重大科研平台	名称
国家实验室 （1家）	青岛海洋科学与技术国家实验室
国家重点实验室 （9家）	重质油国家重点实验室 （中国石油大学/华东）
	数字化家电国家重点实验室 （海尔集团公司）
	数字多媒体技术国家重点实验室 （海信集团有限公司）
	化学品安全控制国家重点实验室 （中石化青岛安全工程研究院）
	啤酒生物发酵工程国家重点实验室 （青岛啤酒股份有限公司）
	海洋涂料国家重点实验室 （海洋化工研究院有限公司）
	海藻活性物质国家重点实验室 （青岛明月海藻集团有限公司）
	省部共建生物多糖纤维成形与生态纺织国家重点实验室 （青岛大学）
	动物基因工程疫苗国家重点实验室 （青岛易邦生物工程有限公司）

此外，青岛积极培育工业互联网、生命科学、新材料、轨道交通装备、新能源汽车、信息科学等创新性行业领域的领军企业、独角兽企业、瞪羚企业、单项冠军示范企业及隐形冠军企业。

4. 蓝谷战略，着力发展蓝色海洋经济

青岛的优势在海洋，最高动能在海洋，最大的潜力也在海洋。2011年，山东半岛蓝色经济区建设上升为国家战略；2014年，青岛西海岸新区升级为国家级新区；2016年，《青岛市"海洋+"发展规划（2015—2020年）》印发；2018年，《青岛市大力发展海洋经济加快建设国际海洋名城行动方案》出台。

青岛市委市政府始终抢抓机遇，突出海洋优势，彰显海洋特色，建设全球海洋中心城市，持续提升青岛在全球海洋中心城市中的能级，开拓创新，重点实施"青岛蓝谷战略"，积极构建以海洋经济为特色的现代产业体系，实现了海洋经济的跨越式发展。

5. 品牌战略，建设"中国品牌之都"

青岛是中国较早实施品牌战略的城市，通过开展品牌策划、支持品牌展示、扶持品牌企业等举措，着力宣传在品牌经济方面取得卓越成绩的企业、企业家等，使得全市品牌战略不断升级，极大提升了名牌产品知名度，并提高了市场占有率，涌现出海尔集团、海信集团、青啤公司、澳柯玛集团、双星集团、盛世凯、青食、波尼亚、沃隆等众多知名大型企业，海尔、海信、青啤、双星、澳柯玛等知名品牌。

昆山：中国第一强县

曾经，昆山虽号称"江南鱼米之乡"，但充其量只是一座默默无闻的农业小县，淹没于滚滚历史大潮之中。如今，昆山稳居"中国第一强县"十余年，于数千县市之中独领风骚。回望四十年风云激荡，"昆山之路"究竟是偶然还是必然？

一、"富可敌省"的中国第一强县

2020 年，昆山 GDP 达 4276.8 亿元，成为全国首个地区生产总值突破 4000 亿元的县级市，工业总产值已成功迈上万亿元新台阶，成为中国工业总产值"万亿俱乐部"中的首个县级市，拔得头筹居全国百强县首位，并连年稳居榜首。昆山的经济规模超过太原、乌鲁木齐、兰州、呼和浩特、银川、海口、西宁、拉萨 8 个省会城市，在全国范围内超越宁夏、青海、西藏 3 个省份，以县级市的空间资源实现了省级区域的经济体量，与邻近的中国经济中心上海相比，昆山经济规模高于除浦东新区外的其他行政区，可谓实力雄厚，是名副其实的"中国第一强县"，是中国县域经济高质量发展的"领头羊"。

二、激荡四十年

改革开放以来，昆山改革的发展历程如表 3-9 所示。

表3-9 昆山改革开放发展历程一览

阶段	时间	特征	动力	空间载体
鱼米之乡	1984年之前	以农业为主导的传统农业县	农业生产	县域
工业强市	1984—1989年	突出工业发展，工业化推动城市化	纺织、建材等传统工业	昆山经开区等
外向发展	1990—2000年	以外向型经济发展为中心	电子信息等技术密集型产业	吴淞江园区、昆山综保区等
集聚发展	2001—2011年	以各类园区集聚高端要素促发展	科技创新型产业	花桥国际商务城、光电产业园
高质量发展	2012年至今	突出创新、高科技和高端服务业	"高端制造+高端服务"双轮驱动	生物医药基地、智能装备基地

1. 鱼米之乡（1984年之前）

早在 1984 年之前，昆山依然是一个地地道道的传统农业县。1978 年，其三产比重为 51.4 ∶ 28.9 ∶ 19.7，县域经济以农业为主，工业十分落后，全县仅十多家企业，而周边的常熟、张家港等地乡镇经济异军突起、热火朝天，昆山经济总量位列苏州所辖区县倒数第一，被称为"小六子"。

2. 工业强市（1984—1989年）

1984 年是昆山发展的重大转折年，设立了中国第一个"自费开发区"，后更名为"昆山经济技术开发区"；提出"三个转移"的战略决策，即从单一农业经济向农业、工业全面发展转移，从产品经济向有计划的商品经济转移，从封闭型经济向开放型经济转移；全力主攻工业经济，1985 年，昆山三产的比重变为 30.7 ∶ 50.2 ∶ 19.1，工业的主导地位逐步确立。

3. 外向发展（1990—2000年）

1990 年，江苏首家台资企业顺昌纺织有限公司落户昆山开发区，五年后，外商及港澳台经济工业产值占昆山工业比重达 42%。富士康、捷安特、统一食品等众多台资企业纷至沓来，使昆山迅速成为台资企业集聚高地，台资已成为昆山开放型经济的最大特色。

4. 集聚发展（2001—2011年）

进入 21 世纪，昆山率先在全国建成以服务业为主的省级开发区——花桥国际商务城，同时加强招商载体的建设，吸引企业由分散发展向园区集聚，由传统产业向高科技产业集聚，在园区经济的带动下，昆山逐步形成了 IT、精密机械、精密化工和民生用品等主导产业以及服务外包、总部经济、金融服务等现代服务业。

5. 高质量发展（2012年至今）

进入新发展阶段，昆山全面融入国际产业分工体系，实行区域经济发展的国际化，着力完善生产服务体系，沿上海"贴边发展"，重点打造沿沪产业带，瞄准 IT 产业、科技创新、研发制造和现代服务业，定位为全球性先进产业基地、毗邻上海新兴大城市和现代化江南水乡城市。

三、昆山之路

1. 优越的区位条件

昆山比邻上海，是沪苏宁经济廊道上的重要节点城市，堪称"苏州东大门，苏沪桥头堡"，同时比邻虹桥枢纽。得天独厚的区位优势是其发展成功的客观要素，这也是其他县市无可企及的重要原因。

2. 解放思想、开拓创新

昆山著名思想家顾炎武曾说过"天下兴亡，匹夫有责"，深深影响着昆山人，克服"故步自封，安于现状"的传统思想意识，"让思想冲破牢笼"，跳出昆山看昆山，立足长远发展昆山。"只有敢于走别人没有走过的路，才能收获别样的风景"，昆山人发扬"敢想、敢闯、敢干""不等、不靠、不要"的精神，艰苦创业、勇于创新是昆山成功的根本。

3. 审时度势、乘势而上

昆山审时度势，紧紧抓住每个发展时期的机遇，借助区域发展契机，实现从"江南鱼米之乡"到"县域经济标杆"的嬗变。从近 40 年的发展轨迹来看，无论是 20 世纪对接上海、招商台资等，还是进入 21 世纪后"贴边发展"，以及当前抢抓长三角一体化发展战略机遇，探索沪昆同城化路径，打造虹桥商务区配套合作区，昆山的每一次跨越式发展都借助了发展大势的力量。

4. 贴边发展、融入上海

昆山比邻上海，沪昆两地地域相连、经济相融，昆山的发展与上海的溢出、辐射息息相关。早期的昆山率先承接上海电视机厂等产业转移，进入 21 世纪，依托上海自贸区建设机遇，昆山建设花桥金融区，并借势上海"贴边发展"，打造临沪发展带，使昆山产业全面嵌入上海，培育并形成与上海紧密连接的产业体系。

近年来，昆山从"接轨上海"升华到"融入上海"，在创新方面，主攻上海科研院所的产学研合作；在现代服务方面，主攻总部经济，逐渐从被动承接上海功能外溢转为培育服务创新能力。两地逐步形成同频共振、互动发展的格局。如今，苏州轨交 S1 线加紧建设，在花桥站可无缝衔接上海轨交 11 号线，昆山作为对接上海的"桥头堡"效应将加速显现。

5. 兴于平台、盛于平台

昆山崛起，兴于园区平台、盛于园区平台。1984 年，昆山自费开发"工业小区"，后来成为第一个县级国家开发区，并设立全国首个封关运作的出口加工区；2006 年，昆山率先建成以服务业为核心的省级开发区——花桥国际商务城，还有综保区、小核酸及生物医药基地、智能装备基地、光电产业园等，同时形成了德国工业园、日本工业园、民营工业园等一系列特色园区。各类园区功能互补、竞相发展，成为吸引高端产业和技术创新的平台和载体，给昆山招来了"金凤凰"，促进昆山高质量发展。

6. 强化招商、外向发展

昆山作为外向型经济县市的典型代表，全方位对外开放，吸引项目、人才、技术等各类优质资源，其中，引进台资企业，无疑是昆山破局之路中最为关键的战略举措。昆山积极打造台商"精神家园"，营造宜业、宜居、包容的"第二故乡"，设立"深化两岸产业合作试验区"，赋予对台合作先行先试的重要使命。如今，10 万名台商在昆山工作生活，占昆山总人口的十分之一以上。目前，台资企业贡献了昆山 GDP 的 30%，规上工业总产值的 50%，进出口总额的 70%。

7. 创新驱动、产业迭代

产业兴则城市兴，企业强则城市强。从昆山发展历程来看，经历了前工业化、工业化和后工业化阶段，而产业经历了传统农业、以食品纺织为代表的劳动密集型工业、以电子信息为主的技术密集型工业、以新一代信息技术为主的科技密集型产业、以创新研发、高端智造、现代服务融合发展的智慧科创产业。目前，昆山已形成光电、半导体、小核酸及生物医药、智能制造 4 大高端产业，超前谋划布局大数据、云计算、物联网、人工智能等新兴产业。

企业唯有做专才能做精，唯有做特才能做强。2020 年，昆山有 94 家企业成功认定为单打冠军、隐形冠军、专精特新企业，涉及小核酸及生物医药、光电等行业。昆山已有各级专精特新企业近 300 家，平均每 6 家中就有 1 家上市挂牌企业，成为“昆山智造”的新动能。昆山专注细分行业领域，走专精特新之路，重点引进一批具有核心技术的专精特新企业，切实提高创新能力、专业化水平，为昆山经济发展提供新动能。

8. 营造优越营商环境

昆山早在 2000 年就提出建设 “服务型政府”的目标，建立“小政府、大服务”的高效行政管理体制，在全国率先提出了“亲商、安商、富商”和“亲民、爱民、富民”的服务理念，推出 28 条优化营商环境的新政，率先在全国打造了“昆如意”营商环境服务品牌。

四、鉴往知来

1. 偶然 OR 必然

纵览昆山风云激荡四十年，思想解放的干部群众队伍是根本、园区平台是关键、创新驱动是核心、营商环境是保障，“昆山之路”可以说是思想解放之路、开拓创新之路、对外开放之路，昆山的成功可以总结为"临沪区位＋创新思维＋服务型政府＋外向型经济＋高效营商环境"。可以说，昆山的成功绝非偶然，而是必然。

2. 两大反思

（1）**"昆山之路"能否复制**。昆山的成功有其特殊性，特别是昆山的独特区位优势和上海溢出效应是一般县市无法企及的，加之恰逢乘势改革大潮和投资开放先机，再加上自身逆境求生、锐意进取、敢闯敢试，可谓占尽"天时地利人和"。想超越昆山很难、想复制昆山更是难上加难，但其敢闯敢干思想、锐意改革意识、开拓创新思维、主动融入区域发展大局经验、优化营商环境举措等方面则极具借鉴价值。

（2）**昆山"有限"的经济韧性能否应对"无限"的不确定性**。昆山虽在县域经济发展中独占鳌头，但也有一丝隐忧。众所周知，昆山以外向型经济为主，尤其台资更为显著，本土企业和上市企业较少，面对风云变幻的形势，不确定性不断加剧。当然，昆山政府早已谋篇布局，逐步构建梯度企业培育体系和产业生态圈，积极培育本土龙头企业和科创型企业，重塑区域竞争力，但想在短时间内突破路径依赖惯性，难度可想而知。与其形成鲜明对比的则是比邻而居的江阴，内生驱动型的自我造血能力强劲，无论是本土 500 强企业，还是上市企业，其数量都远超昆山，财政表现也更为抢眼，发展后劲和实力显得更足。

在某种程度上，昆山的亮眼成绩是当前各地尤其中西部县市疯狂追求的"华丽外衣"，过分依赖招商引资，岂不知"候鸟式"经济实则蕴藏层层危机。相比"资本拉动"，如何实现"内生驱动"，是众多中小城市需要思考和解决的永恒主题。

江阴：中国制造业第一县

"江阴"，因位于长江之南而得名，是明代著名地理学家徐霞客的故乡，更是扼守长江咽喉的"第一要塞"，历来为大江南北重要的交通枢纽，"天下第一村"——华西村坐落于此。江阴以全国万分之一的土地、千分之一的人口，长年位居全国百强县排名第二位，被誉为"中国制造业第一县"。

一、从"农业小县"到"制造业第一县"

回看 70 余年的发展，江阴始终坚持以实体经济为立市之本，历代江阴企业家脚踏实地深耕细作，使江阴经济历经了从计划经济到市场经济体制的转变，从单一公有制结构到多种经济成分并存的转型，从乡镇企业兴起到民营企业成长壮大的巨变（见表 3–10）。

表3–10　江阴发展历程

发展阶段	时间	主要特征	核心动力
初步发展阶段	1949—1983年	社队工业起步	农业、初级加工业驱动
"苏南模式"阶段	1984—1997年	乡镇企业兴起	低端制造业驱动
"新苏南模式"阶段	1998—2002年	乡镇企业改制	传统制造业驱动
集聚发展阶段	2003—2014年	民营企业资本化、集团化	特色产业集群驱动
提质升级阶段	2015年至今	龙头企业带动产业升级	产业转型创新驱动

1. 初步发展阶段（1949—1983年）

新中国成立初期，江阴工业发展以恢复调整为主，仅有少量设备简陋、条件低劣的小作坊、小工厂，产业以棉纺织、染织业和部分粮油加工业为主，其他工业类型很少。20世纪60年代，社队工业昂首起步，涵盖机电、冶金、化工、船舶修造、医药、纺织、食品等门类的工业体系初步建立，江阴工业经济实力悄然崛起。

2. "苏南模式"阶段（1984—1997年）

改革开放之后，江阴在农村推行各种形式的家庭联产承包责任制，采用"以工补农""以工建农"等方式，经济社会活力迸发，乡镇企业蓬勃兴起。江阴通过乡镇企业开启工业化进程，经济体制开始从计划经济向市场经济转轨。

3. "新苏南模式"阶段（1998—2002年）

自1998年起，江阴深入推进乡镇企业产权制度改革，把乡镇政府对乡镇企业的直接支配权从企业撤出，探索实践企业资本经营方式，以澄星集团、阳光集团、扬子江船业集团为代表的企业率先改制，改制后的企业活力重现，民营经济迎来高速发展。

4. 集聚发展阶段（2003—2014年）

2003年，全国首个跨区域联动开发的工业园区——江阴—靖江工业园区成立，探索一种新型跨区域合作模式。2006年，江阴临港经济开发区成立，江阴高新区、经开区也相继被赋予国家级开发区经济审批权限和行政级别。工业园区相继建立和完善，江阴产业进入集聚发展阶段，形成特色产业集群，民营企业逐步资本化、集团化运营。

5. 提质升级阶段（2015年至今）

从2015年起，江阴主动适应经济新常态，深入推进供给侧结构性改革，加快产业结构调整、新旧动能转换，构建"345"现代产业体系，着力发展4大战略性新兴产业和5大未来产业，并采取措施保持实体经济支柱地位。江阴成为民营制造集聚能力和水平最高的县市，连续荣膺中国工业百强县（市）第一名。

二、江阴之路

1. 区位优越、因港而兴

江阴地处长三角腹地、苏锡常"金三角"几何中心，同时是扼守长江咽喉的"第一要塞"。从江阴溯江而上可达皖赣鄂渝川五省市，顺江而下可出江入海、通达世界各地。江阴港可停泊 10 万吨级海轮，成为大江南北的交通枢纽和江海联运的天然良港。除对接上海外高桥、洋山港定班航线外，2020 年 10 月，"江阴—宁波集装箱定班航线"开通，使江阴港的辐射能力大大增强，吸引了更多的长江流域货物在江阴港中转、换装，成为苏南地区重要的对外贸易口岸。2021 年上半年，江阴港累计完成货物吞吐量 15497 万吨，同比增长 35.9%，居全国港口货物吞吐量第 14 名、内河港口第三名。

江阴港以能源、原材料、钢材和化工产品运输为主，依托港口优势，靠近长三角巨大消费市场，为江阴制造业发展奠定了坚实基础，逐步形成一批钢铁、石化、装备制造、纺织服装等产业集群。在陆路交通方面，京沪高速、沪武高速穿境而过，沪宁沿江高速铁路即将建成通车，届时江阴将正式加入沪宁一小时都市圈，深深嵌入长三角市场体系之中。

2. 抢占改革开放战略先机

1978 年，改革开放春风浩荡，位于苏南的江阴得改革开放风气之先，经济社会活力涌动，乡镇企业异军突起，如澄星集团、双良集团、海澜集团等先后成立，奠定了江阴的产业基础，同时成长了一大批企业家群体，带动家族甚至集体发展，如著名的"天下第一村"——华西村。江阴成为"苏南模式"的发源地之一和全国乡镇企业发展的"排头兵"。

随着改革开放的不断深化，自 1998 年起，江阴的乡镇企业如阳光集团、双良集团、扬子江船业集团等率先完成改制，到 2001 年，江阴全市近万家市属、集体企业改制工作基本完成。政府的职能也从管理逐步向服务转变，市场化体制机制不断健全，市场化程度不断加深，市场规则不断完善、市场风气逐步形成。市场开始发挥决定性作用，有力推动了江阴民营经济的发展。

3. 民营经济活跃、优秀企业云集、杰出企业家荟萃

江阴民营经济活跃。截至 2020 年末，江阴拥有 22.9 万家各类市场主体、企业 7.6 万家，其中民营企业 7.1 万家、规上工业企业达 1728 家；"500 强企业"云集，其中中国企业 500 强 11 家、中国民营企业 500 强 14 家、中国制造业企业 500 强 19 家、中国服务业企业 500 强 5 家。

企业积极上市。在江阴，抓上市就是抓投入、抓转型。江阴成立企业上市工作领导小组，按照"从头抓起、提前介入、全程服务、一路绿灯"的工作标准，对企业上市过程中的问题进行针对性指导，同时筛选培植上市后备企业。自 1997 年江阴首家上市企业江阴兴澄冶金股份有限公司登陆深交所起，江阴先后培育上市企业 53 家，占全国上市公司总量的百分之一，成为拥有上市公司数量最多的县（市），被称为"中国资本第一县"。

杰出企业家荟萃，知名品牌众多。江阴先后有 132 家企业主持制订了 457 项国家、行业和地方标准，主持起草了 14 项国际标准，拥有由国家质检总局评定的世界名牌 1 个、中国名牌 13 个、中国驰名商标 54 个、国际知名品牌领军企业 7 家。同时，江阴涌现出一批全国"优秀企业家"，如海澜集团董事长周建平、扬子江船业集团董事长任元林、中信泰富特钢集团董事长俞亚鹏等。江阴民营经济高原隆起、骨干企业高峰林立、杰出企业家荟萃、知名品牌众多，构筑了江阴富民强市的坚实根基。

4. 多元化产业创新平台集聚

多元化产业创新平台集聚江阴，拥有江阴高新区 1 个国家级开发区和江阴经开区、江阴临港经济开发区 2 个省级开发区。江阴高新区于 1992 年成立，2011 年升级为国家高新区，且与其他 7 个国家高新区及苏州工业园区共建苏南国家自主创新示范区，历经多年建设，形成以特钢新材料及金属制品、微电子集成电路、高端智能装备、现代生物医药医疗为主的产业体系，居 2021 年中国先进制造业百强园区第 42 位，现已成为创新型经

济发展高地。

江阴经开区成立于 1991 年，2002 年 10 月被赋予国家级开发区的经济审批权限和行政级别，内部建设高新技术产业开发园、电子元器件产业园、高新技术创业园、留学人员创业园等多个功能平台，形成金属新材料、高档纺织服装、石化、IT、精密机械、生物医药 6 大产业集群。

江阴临港经济开发区成立于 2006 年，设有石化新材料产业园、金属新材料产业园、新能源产业园、机械装备产业园、长江港口综合物流园区、江阴综合保税区等一系列特色园区，各个园区功能互补，成为吸引高端产业和创新企业落地的平台和载体。

江阴多元化产业创新平台集聚，工业经济深耕制造业，石化、钢铁、服装等传统产业转型提升，集成电路、高端装备、生物医药、新能源等新兴产业蓬勃发展，形成了健全完备的产业体系。

5. 构建"亲清"政商关系，营造一流营商环境

江阴着力建设服务型政府，提供"全天候、不打折、无条件"的"店小二""急郎中"式服务，实实在在地想企业所想、急企业所急。江阴强化行政审批改革，推出"效能革命"，设立"一窗通办"，实现全领域 22 项审批业务通办；鼓励引导金融机构加大对民营企业的支持力度，建立产业发展和科技创新基金体系，推进企业创新需求与金融资本深度对接，解决企业犯难的金融问题；开展常态化企业大走访，为企业开展全方位"体检"，把问题解决在企业一线；实施"领航型"企业培育计划，在每个重点产业链上培育 5 家以上龙头骨干企业和一批创新成长型企业，推动龙头企业和中小企业协同创新发展；致力于激发、保护企业家精神，建立各级领导干部联系企业家制度，主动听取企业家意见，切实保护企业家权利，在全社会形成尊重创业者、企业家的良好氛围。

江阴企业扎根本土，众多企业已纷纷跻身各类"500 强"榜单，但至今仍把总部设立于江阴甚至是江阴的某个村镇，并没有追赶潮流地把企业搬到一些能级更高的中心城市，这正是对江阴优良营商环境的

高度认同。

6."敢想敢干、敢为天下先"的文化基因厚重

江阴人自古以来就有"解放思想、敢想敢干、敢为天下先"的文化基因和冒险精神。近代，江阴率先发展起以荣氏兄弟为代表的民族工商业，改革开放后，江阴创业者创立了一大批乡镇企业，逐步成长为现代企业家，一代代江阴人造就了如今江阴发达的民营经济。

三、江阴启示录

"长三角及港口区位优势+'亲清'政商关系+一流营商环境+雄厚民营经济+深耕制造业"是江阴成功的关键，使得江阴从众多县市中脱颖而出，成为县域经济发展的"排头兵"和"领头羊"。

江阴在新时期发展全局中，企业日益成为"强支撑"，科技日益成为"加速器"，人才日益成为"点金石"，资本日益成为"云动力"。对于广大地区来说，也许没有优越的区位，难以占据发展先机，但如何融入区域发展格局，如何找准产业发展方向，如何培育根植性企业，如何营造优良营商环境，如何解放思想开拓创新，江阴经验值得学习和借鉴。

PART 4

读透中原懂中国

一部中原史，半部华夏史

河南应该向长三角学习什么

近年来，河南陆续组织考察团前去长三角观摩，全省掀起学习长三角热潮，无论是各级领导讲话，还是重要会议文件，"长三角"成为热频词汇。向先进学习、向先进靠拢，这是好事，非常值得肯定。尤其作为中心城市的郑州和洛阳，一定要有国际视野、长远眼光，对标国际非常必要，甚至说是刻不容缓的。

但河南学习长三角，不能用"拿来主义"，全部照搬 G60 科创走廊、浦东新区、张江科学城、数字经济、智慧城市等事物，毕竟发展阶段、要素禀赋等方面悬殊甚远，而应结合自身实际，找准真正的切入点。那么，河南应该向长三角学习什么？

最关键的是要认清底色。

什么才是河南的底色？很多人会先想到近年来风光无限的"国际郑"，但其实并非如此，而是除郑州外，那些看似默默无闻的 17 个地市和 104 个县市。虽然近年来"国际郑"看似风光无限，尤其是 2018 年实现三个"1"的历史性突破，但目前，郑州在全省经济首位度不足 20%，人口首位度更低，其中，郑州所辖的 6 个县市还占了非常大的比重，所以，未来单纯依靠郑州"一家独大"来带动全省发展的想法并不现实。

区域是个有机体，中心城市犹如细胞核，周边腹地则是细胞质，以河南为例，郑州犹如细胞核，而其他市县则犹如细胞质，细胞核想成长，必然需要充沛而有活力的细胞质滋养。

在某种程度上，区域间差距并不在于中心城市间差距，而在于腹地内众多中小城市间差距。假设没有众多中小城市累积起来位列全国第五名的经济总量和全国第一名的人口总量，郑州犹如无源之水、无本之木，想做大做强更是无从谈起。环顾全国，但凡经济发达的省份，并非只是中心城市的强大，而是源于众多实力强劲的地市和县。所以，中小城市才是河南真正的底色，未来想办法做大做强众多中小城市才是根本之策，也正是我们向长三角学习的重要一课。中小城市如何发展？核心在于找到动力引擎。

河南是众多中西部省份的典型缩影。回顾河南多年来的发展，可以说，最大的引擎来自 2009 年全面兴起的 179 个产业集聚区（当前已优化整合为 184 个开发区）。

自 2009 年以来，河南提出诸多新理念、新举措，如在园区运营管理方面提出"管委会（工委）＋公司""政区合一＋公司"、纯公司化改革，在园区布局方面提出创新区中园模式，在园区发展方面提出"产业园区＋科技企业孵化器＋产业基金＋产业联盟"模式，在项目招商方面提出实施"国有平台＋产业基金＋企业"合作模式等，经过实践，取得了很大进步，并积累了丰富的发展经验。

从本质上看，河南依托土地、劳动力、资源等传统要素低成本优势，实现了后发地区的快速发展，尤其是通过在辖区内建立各类产业园区作为承接产业的重要载体，取得了巨大成就。但整体来看，这并非长久之计。

从目前的发展形势来看，东部地区已经先行一步，对中西部省份，尤其是欠发达地区来说，倘若不及时调整发展战略，可能错失新的重大发展机遇。梳理近几十年发展历程，整体来看，内地与沿海地区存在明显代际差异，从模式和思维来看，至少存在 20 年差距。

二十世纪七八十年代，苏南地区兴起以乡镇企业、村办企业为代表的"苏南模式"时，中西部地区还处在传统农业时代；从 20 世纪 90 年代到 21 世纪初，长三角、珠三角工业园区模式趋于成熟，部分地区尝试探索"飞地经济"模式，彼时的中西部地区刚刚出现乡镇企业和村办企业；21 世纪前十年，以长三角、珠三角为代表的南方地区，产业迭代升级，"飞地经济"呈现遍地开花并逐步向外扩展态势，同时，以各类创新为代表的新经济出现，而此时的中西部地区，以河南为代表，自2009年之后才普及产业集聚区模式，大力承接东部沿海地区产业转移。

近年来，长三角出现"反向飞地"发展模式，顺应新经济背景、新型业态、新兴产业，对传统的土地价格、税收让利等招商优惠政策的兴趣浓度降低，与传统"飞地经济"恰好相反，它是欠发达地区主动到发达地区设立"飞地"，变传统"飞入地"为"飞出地"。典型的是浙江衢州海创园，目前，衢州在北京、上海、深圳、杭州等地共设六个"飞地"，均有效对接不同的产业方向：孵化在杭州，产业在衢州；研发在上海，生产在衢州……新科技、新产业通过创新"飞地"的孵化，为衢州所用，给衢州的未来提供无限可能。"反向飞地"短短数年便在长三角、珠三角蔓延开来，大有"星星之火，可以燎原"之势。目前仅在长三角，就有至少15个地级市（含下辖区县）进行"反向飞地"的尝试。

而此时的中西部地区，以河南为例，全面推进产业集聚区"二次创业"，本质上看，依然未能跳出本土属地思维，依托本土土地、劳动力、税收等传统要素成本优势，因循承接东部外来产业转移，依靠吸引和集聚中低端制造业实现本土经济发展，还在坚守传统工业。

依据经济发展规律，高端人才、科技研发、金融服务、企业孵化、高端商务等创新型、总部型优质生产要素资源只会在中心城市集聚，极少甚至不可能在中小城市，尤其是在中西部地区中小城市集中。

虽然近年来，各地都在出台人才政策、税收政策，但效果平平，典型的是很多市县产业园区都有双创园区，但要么"门可罗雀"，要么"挂羊头卖狗肉"，不符合市场和经济发展规律。

概括而言，产业园区依托传统的招商引资发展，只能承接发达地区传统劳动密集型产业，只能一直落后，差距甚至会进一步拉大；依托"飞地经济"，则有可能在周边区域竞争中脱颖而出，但从产业类型上仍以制造业为主，价值链仍聚焦于中低端，即使能够实现区域内的率先发展，与发达地区尤其是产业"飞出地"相比，只能处于"跟跑"地位，无法赶超；依托"反向飞地"模式，实现创新资源的异地集聚和跳跃式转移、输送，则有可能获得跳跃式发展，打破中西部中小城市只能承接发达地区传统劳动密集型工业的"宿命"。实际上，这不仅对于中小城市，对于郑州、洛阳以及内陆地区其他城市同样适用。

总之，河南真正应该学习长三角的是其中小城市的发展模式和思维——打破"属地"思维，树立"飞地经济"思维，更需"反向飞地"思维。

郑州，向何处去

自古，得中原者得天下；一部中原史，半部中国史。

一、从哪里来

1. 从"商城"到"商都"：千年后的再次复兴

郑州，自 5000 年前，中华人文始祖轩辕黄帝出生并建都、夏朝定都阳城（今登封王城岗遗址），至 3600 年前，商朝第十任君主仲丁将国都自亳（今商丘）西迁于隞（亦作嗷；今郑州商城遗址），迎来第一轮发展高峰期。其后，郑州历经世事沧桑，逐步淹没于历史长河之中。直到近代以来，随着京汉铁路的修通、交通枢纽地位的凸显，郑州重回历史舞台，1954 年升任省会，1984 年辖区腹地扩张，2003 年郑东新区建设，2013 年相继获批郑州航空港经济综合实验区、郑洛新国家自主创新示范区、河南自由贸易试验区，2016 年国家中心城市以及当今的郑州大都市区建设，标志着郑州迎来新一轮历史发展高峰周期（见图 4-1）。

2. 因路而生：一座火车拉来的城市

将视角拉回近百年。郑州随着兴建铁路而兴起，可谓触底反弹，由郑县一座小小的县城逆袭，逐步成长为地区性重要城市。纵观郑州近百年来的整体发展，交通是始终绕不开的一条发展主线，在郑州的城市发展、区域地位提升中扮演至关重要角色，说郑州是"一座火车拉来的城市"一点不为过。

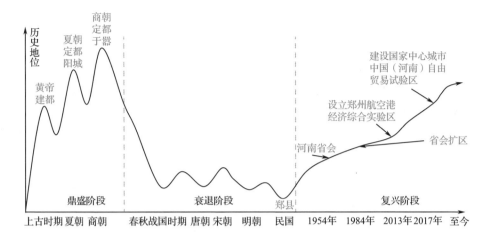

图4-1 郑州历史地位演进

3. 中心集聚，一骑绝尘

将视角进一步拉近，在21世纪前，郑州无论在省内还是国内，均不突出。从省内看，郑州一直面临与洛阳的竞争，人口和经济规模体量，与洛阳在整体上都是伯仲之间，并不占优；从全国来看，郑州更是面临武汉、长沙、西安、成都等的挤压，仅是众多区域性中心城市之一，缺乏存在感。直到进入21世纪，随着国家中心城市和郑东新区建设开展，郑州逐步拉大与洛阳的差距，中心城市地位逐步确立；在全国层面，郑州彰显区域重要功能，尤其是自2012年郑州航空港经济综合实验区上升为国家战略以来，无论是经济体量、全国排名还是国家战略地位都得到大幅度提升。

4. 工业化和城镇化后期阶段

聚焦当前，依据"诺瑟姆曲线"理论、钱纳里工业化阶段理论，郑州处于工业化和城镇化后期阶段，未来将由城镇化数量向城镇化质量转型、由工业化向现代服务业转型。

5. 大都市加速集聚期

总体来看，郑州还处于加速集聚期，无暇顾及周边，真正外溢的功能和产业不多，尤其是高端要素，多集中于市域内外溢。将人口（总量、首位度）、

GDP（总量、首位度）、三产结构等宏观指标比较分析，当前之郑州，犹如15年前之上海、10年前之成都、5年前之武汉。如果综合考虑企业总部数量、高端人才集聚、科技创新、城市治理、环境品质等城市实际发展水平和质量，差距更大。郑州人口已突破1000万人，未来可承纳2000万至3000万人口，发展空间和潜力巨大。

根据郑州市区及周边地区20多年GDP变化趋势，能够清晰看出郑州市区经济增速明显高于周边地区；通过郑汴区域用地扩张演变趋势，能够得知郑州市域用地扩张程度明显高于开封，并且以行政区划为界，出现明显的断裂带。这些说明郑州当前正处于加速集聚期，恰如当初上海对周边地区起到明显的虹吸效应。

二、现在何处

1. 山水形势格局

从大山水格局来看，郑州有西北太行山系、西南秦岭余脉伏牛山系，华夏始祖黄帝、人文始祖伏羲圣地始祖山蜿蜒其中，五岳之尊嵩山耸立其间，黄帝故里轩辕丘坐镇中央；坐拥黄河、南水北调两条水脉；西接黄土高原，东面黄淮平原，俯瞰中原。

2. 用地演变

用地演变呈现：郑州区域层面受北部黄河、西部山地丘陵地形所限，东向、南向拓展趋势明显；市区受铁路分割明显；时间维度上，2000年前扩张迟缓，2000年后大幅度扩张，尤其是近十年的扩张明显；从全国层面比较，郑州辖区面积、城区规模体量并不占优，考虑广阔腹地、省会地位及政策趋势，未来仍有大幅度提升空间。

3. 风从东南来

从传统山水格局来看，21世纪前10年，郑州城市中心一路向东，2000年后启动东向战略、2003年郑东新区启动、2006年郑汴一体化启动，

2009 年郑汴新区启动。自 2010 年后，郑州东部发展动能式微，南向逐步成为主导：2011 年富士康郑州科技园启动、机场综合保税区获批，2012年郑州航空港经济综合实验区获批，2013 年郑州航空港经济综合实验区总体规划颁布；2016—2017 年，机场二期、高铁南站、新国际会展中心陆续开建；2018 年"郑许一体化"上升为省级战略。郑州国土空间总体规划中，再次明确航空城与主城双引擎格局。因此，郑州东南向前景可期。

三、向何处去

1. 迈向航空都市阶段

回看郑州发展历程，对于当前及未来的郑州，真正具有决定性意义的是近二十多年的发展，可以进一步划分为四个阶段：1.0 时代、2.0 时代、3.0 时代、4.0 时代，各阶段具有明显的特征，同时又表现出明显的渐次演进规律（见表 4–1）。

表 4-1　郑州城市 4 大发展阶段

时代	阶段划分	典型特征	代表性事件	载体	区域格局地位
1.0时代	20世纪90年代	计划经济时代；公铁时代	1997年新郑机场建成	铁路、公路；"双十字"枢纽（铁路、高速）、机场；公铁时代	普通农业省会
2.0时代	2000—2010年	省会经济时代、大郑州都市区时代；高铁时代	建设郑东新区、"郑汴一体化"	"十字"高铁网初步形成，迈向高铁时代	区域性中心城市
3.0时代	2011—2025年	郑州大都市区时代；临空时代	郑州东站建成、富士康郑州科技园正式运营、航空港经济综合实验区设立、中原经济区、中原城市群获批	"米"字形高铁网、中欧班列、空中丝绸之路航空港经济综合实验区	国家中心城市

续表

时代	阶段划分	典型特征	代表性事件	载体	区域格局地位
4.0时代	2025年以后	航空都市时代、郑州都市圈时代	建设机场三期、郑州南站、"米"字形高铁网、新国际会展中心、使领馆区等	多式联运、综合枢纽；双门户型航空都市	有一定世界影响力的国际性城市

从郑东新区的逆袭、郑汴新区的迟缓、港区的崛起，能清晰梳理出一条时空发展演变轴，反映郑州发展战略方向、战略中心和战略轨迹的演进脉络，呈现由大郑州都市区到郑州大都市区，再到郑州都市圈的跨越。郑州由一城"独奏曲"到"城区—港区""双城记"，迈向航空都市时代。同时，能够明显地看出发展趋势的变化，即由东西向拓展为主，开始重点南向转移，这方面通过巩义、中牟、新郑近二十多年的发展更替可以得到充分体现。

郑州在空间范围上实现了由"郑汴一体化"，到以"1+4"为核心的郑州大都市区，再到"1+8"的郑州都市圈，由"小郑州"走向"大郑州"；未来的"1+8"，尤其是其中的"1+4"，必然是功能、空间、产业等全方位高度一体化的现代化国际化都市区。航空港无论是规模体量，还是功能定位都得到了空前提升，不再仅仅作为南向的一个功能组团，而是提高至与主城区同等的地位，作出"双城引领"重大战略转变，致力于打造具有一定世界影响力的城市群和国际中心城市。

2. 从"金水河时代"迈向"贾鲁河时代"

几乎每座伟大的城市都有一条美丽的河流。人类自古逐水而居，如泰晤士河之于伦敦、塞纳河之于巴黎，国内如钱塘江之于杭州、珠江之于广州、黄浦江之于上海。

回看郑州近几十年发展，能够清晰地看出水与城的密切关系。在郑州20世纪的百年发展过程中，金水河在城市整体空间格局和空间体系构建中起到了重要纽带作用。几乎所有的省级、市级政务、文化、商业、生态功能中心都集中分布于金水河沿线。同时，郑州最重要的一条路为金水路，面积最大、产值最高的区为金水区，金水河在郑州的地位可见一斑。进入21世纪，随着郑州东跨中州大道，启动郑东新区建设，进入提质增速的快车道，城市框架格局和区域地位得到质的飞跃，金水河也完成自身使命，顺利交棒"贾鲁河"。

贾鲁河，作为一条千年河流，被称为郑州的"母亲河"。贾鲁河在战国称鸿沟，汉代名浪荡渠，唐、宋名蔡河，因元代工部郎中、总治河防使贾鲁治河有功，为纪念他而改名贾鲁河。贾鲁河长246千米，是河南境内除黄河以外最长、流域面积最广的河流。

作为郑州市域最大的地区性河流，贾鲁河不仅具有深厚的历史文化底蕴，更具有无可替代的生态价值、景观价值、经济价值。与黄河的天然分割和流动岸线不同，贾鲁河的尺度、河流走向，可利用程度和景观价值更为优越。贾鲁河沿线集中了洞林湖、常庄水库、西流湖公园（新市级政务文化中心）、北龙湖金融中心、龙子湖（教育研发中心）、象湖（新省级政务中心）、绿博组团（文化休闲创意中心）、朱仙镇（郑汴港生态绿心）。其中尤为亮眼的是北龙湖板块，集中了最大的城区水面、丰富的水系网络、优良的生态环境品质、高端的金融服务业态与人才群落，北龙湖板块和如意湖CBD板块共同构成了郑州主城区未来走向国际的重要门户性核心引擎。

在《郑州大都市区空间规划（2018—2035年）》中能看出贾鲁河在郑州大都市区空间格局中的重要功能地位。贾鲁河治理工程总投资158亿元，包括河道整治工程、生态绿化工程、截污治污工程、水源工程四个部分，2016年10月全线开工。由"金水河时代"进入"贾鲁河时代"，郑州也将实现由"小郑州"的区域性中心城市向"大郑州"的国家中心城市跨越，进而成为国际中心城市。

四、启示与反思

1. 郑东新区的逆袭：偶然OR必然

（1）忆往昔：中国最大"鬼城"的质疑。2010年底，美国一家名为"商业内幕"的网站公布了若干幅郑东新区的卫星图片，称其可能是中国最大的"鬼城"。一石激起千层浪，一时间，关于中国最大"鬼城"的质疑充斥于各类大小媒体。郑州遭遇了自2000年首次提出郑东新区建设、2003年启动郑东新区建设以来最大的信任危机。

（2）看今朝：从"鬼城"到"标杆"的逆袭。如今的郑东新区已成为规模数百平方千米，集政务服务、商务办公、金融、会展、现代服务、高端居住等于一体的现代化综合型城区。尤为难得的是，郑东新区不仅没有停下前进的脚步，而是与时俱进，按照原有规划，在CBD和如意湖的基础上，一路向北，依托北龙湖建设超大体量的湖心"金融岛"，规模达5.6平方千米，在普遍缺水的北方实属罕见，是郑州成为"国家中心城市""内陆开放型经济高地"的重要支点，引领郑东新区由1.0时代走向2.0时代。此外，龙子湖智慧岛也在如火如荼建设中。

（3）探本源：成功有其必然。

一是国家及省市政策层面。自2000年郑东新区建设概念发起，到2003年开工建设，正值中央提出中部崛起战略。从区域和全省层面，当河南确立郑州中心城市建设，并举全省之力支持郑东新区建设，可以说在全国层面属于第一批次，既借助了自上而下的巨大拉力，又抢得了巨大的战略先机，叠加全国发展势能向内陆转移。自规划建设以来，郑东新区累计完成固定资产投资超过5000亿元。

二是遵循区域和城市发展规律。郑州作为省会城市，坐拥全国第一人口大省、第五大经济大省的腹地优势，拥有丰富的人口红利和雄厚的财力基础、城镇化趋势所形成的自下而上的市场推力。加之自身发展态势良好，郑州较好地吸引了国内外市场资本关注及投资，各方合力极大地助力了郑东新区的突飞猛进。

三是城市新旧动能转换使然。旧城区交通拥堵，设施陈旧落后，开发密度和强度对人才、资源要素产生挤出效应；郑东新区则凭借超前的规划理念、优秀的规划设计、优质的建设质量所营造的优越的生态环境条件、优良的生活居住品质、丰富的现代服务需求、大量的就业岗位供给、畅达的交通设施网络、活跃的创业创新氛围、宽松的优惠政策条件、丰富的时尚商业元素，产生拉力。

四是郑东新区自身发展。前期谋划阶段就提出高标准、高水平的总体指导思想，规划阶段聘请世界著名建筑设计大师黑川纪章亲自操刀，规划设计理念、设计水平独具特色，处于世界领先水平，即使放到十几年后的今天仍然不过时；建设和管理阶段严格遵照原有规划进行逐一落实，确保"一张蓝图绘到底"。

五是制度环境相对宽松。十多年前，耕地红线、生态红线尚未提到如今高度，建设用地指标瓶颈也尚未如今日之突出，土地供应充足、财政金融宽松，极大地规避了发展建设中的各类阻力。

2. 郑汴新区屡次失利

当前，虽然从全省层面来看，河南有多重国家战略叠加，但至今尚未有最具综合性、最具含金量的国家级新区获批，这也是制约郑州近年来长足发展的重要因素。

其实，河南早在 2009 年就首次提出郑汴新区规划，并积极申报国家级新区，不可谓不早。但事与愿违，郑汴新区一直未获批复。郑汴新区正如放大尺度的郑东新区，却并未能延续郑东新区的良好势头，原因何在？

（1）未充分体现国家意志和战略意义。国家级新区必然要体现国家和区域战略意义，还要充分体现自身特色，起典型示范和代表意义，这是国家级新区应有之义。照此标准来看，郑汴新区更像是简化版的"郑汴一体化"，更多的只是用地和空间的带状蔓延式扩张。如此体量，放眼全球也极其少见。所谓的郑汴新区只是为做大而做大，无任何代表和示范意义，所以难以通过批复。

（2）**未充分彰显自身典型特征和核心价值**。从根本上看，郑汴新区既未能充分体现郑州枢纽型中心城市的特色和功能、为中西部地区开放创新作出示范，也未充分体现河南作为平原传统农业区实现"四化同步""五位一体"绿色高质量发展的特色；既未能真正带动中原城市群周边地区发展，也未能充分结合和解决开封核心瓶颈问题，更未能充分挖掘航空港巨大的枢纽功能，只是北部线性蔓延达百余千米的数量增长型的普通带状城镇化密集地区。郑汴新区应该汲取传统中原城市群迟迟未获批的教训，学习借鉴中原经济区很快获批的成功申报经验。

（3）**实际发展步伐迟缓**。郑汴新区从实际发展来看，步履迟缓、困难重重。究其原因有三：第一，发展模式落后。郑汴新区之所以表现乏力，实则表明过往依靠政策拉动、土地财政、地产驱动的传统数量型外延扩张式增长模式难以为继，突出表现为有价无市。第二，发展动力缺乏。郑汴新区的发展乏力根本在于缺乏核心引擎，尽管区位优势明显、教育科技人才汇集、历史文化底蕴深厚、自然生态环境较好，但是缺乏产业基础，既无先进制造业基础，也无现代服务业基础，同时缺乏门户型交通枢纽，无法承担作为全国重要先进制造业和现代服务业基地、内陆开放型门户、中西部地区创新创业先行区的载体和功能作用。第三，空间组织错位。郑汴新区看似一体，实际是割裂的，彼此缺乏互动和功能上的互补；总体呈现功能与空间的过分错位、南北空间发展失衡；发展重心过分偏北，而北部又缺乏发展引擎；未充分挖掘航空港的价值潜力，只是作为其中的一个组团；与未来的航空都市发展方向不符；作为地区枢纽和引擎，但又缺乏发展空间和腹地；汴港之间缺乏互动，尤其是开封缺乏门户型枢纽通道；郑港之间缺乏联动，空间融合不够；航空港功能定位相对单一，临空经济发展不够，未充分挖掘潜力，与航空都市目标差距甚远。

3. "总部"缺失的郑州，究竟能走多远

2018年对于郑州来说是具有重大意义的一年，这一年郑州GDP突破

万亿元，人口数量突破千万，标志着郑州进入了一个新的发展阶段。这个成绩令郑州人欢欣鼓舞，但需要清醒地认识到，其发展背后的支撑力量是什么——多年来河南集全省之力对郑州的支持和"强省会"战略的实施。可以说，郑州依托的还是传统要素驱动，如区位交通、人口红利、土地和招商政策等，如果抛去这些传统要素优势，再来看郑州，还有哪些能够支撑其持续前行的动力？

面对未来日益加剧的区域竞争，缺乏总部经济加持，必然受到总部集聚型城市摧枯拉朽式的降维夹击。典型如华为之于东莞，京东方之于合肥，富士康之于郑州，很难想象没有富士康的入驻，郑州能否进入"万亿俱乐部"，甚至说河南能否保住全国经济前五名的位置。

从经济发展层面来看，郑州缺的是总部型企业，包括高端制造、现代服务及物流、电商等领域的企业总部等；从科技创新领域来看，郑州缺乏国家级科研平台和高端人才；从人的生活消费和公共服务领域来看，郑州缺乏一线商业、品质住宅、文化休闲及高校资源。企业总部（区域性总部）、重大创新平台、一线品牌企业（含商业、文旅、地产）为何没有眷顾北方第一大省会城市和国家中心城市郑州呢？究其深层原因，我认为核心制约因素是郑州的营商环境需要进一步提升，未来城市之间的竞争将从以往的区位交通、资源要素等硬环境之间的较量，转变为政务服务环境、公共服务环境、人才环境、生态环境等多元叠加的营商环境的比拼。

与发达城市和先进地区相比，郑州在营商环境方面的差距，表现为科技创新、技术应用、产业配套等，更体现在思想观念特别是市场意识、开放意识、服务意识等方面。郑州应从提升营商环境、城市治理、创新投入、扩大对外开放等方面发力，以高质量的营商环境和高品质的宜居宜业环境，吸引各类企业总部和高端资源要素集聚。

第一，郑州需要进一步解放思想，对标国际一流营商环境，出台更加开放的政策措施，树立"企业至上"思维和"店小二"意识，以更加开放包容的姿态，吸引更加优质的资源、资本、人才、技术，打造在全国具有影响力的行政服务品牌，全力营造包容开放的投资环境、充满活力的创新环境、提质降本的产业环境、独具魅力的人才环境、高效透明的政务环境，为郑州打造高水平高质量发展区域增长极奠定坚实基础。

第二，提升完善现代化城市治理水平，坚持"人民城市为人民"，郑州推进城市治理，根本目的是提升人民群众获得感、幸福感、安全感。以"绣花"功夫推进城市治理精细化，改变过去粗放的管理方式，以精心、细心和巧心，加上"久久为功"的态度，紧盯城市治理品质；建设"城市大脑"，走"智慧城市"发展之路，运用大数据、云计算、区块链、人工智能等前沿技术推动城市管理手段、管理模式、管理理念创新。

第三，加强对创新研发和创新人才扶持的投入力度，特别是针对郑州当前确定的电子信息等主导产业，要进一步加大研发投入力度，为引进"领军型企业总部"提供良好的创新环境和人才环境，培育和引进一批产业链整合能力强的总部型企业，同时将郑煤机、宇通等本土领军企业打造成"世界一流企业"。

第四，积极顺应国家构建以国内大循环为主体、国内国际双循环相互促进的新发展格局大趋势，郑州主动担负起国内大循环的重要支点城市功能，结合航空港、郑欧班列等对外开放平台，积极培育和引进龙头电商平台、快递物流企业总部等，积极拓展国际国内市场，建设以内陆开放高地为特征的国家中心城市。

4. 区划调整滞后，不能言说之痛

与成都、武汉、济南、合肥、西安等同类城市相比，郑州城区辖区数量和规模偏小，区划调整滞后，在当前整体基调下，短期内实现突破的概率也非常小。可以说，区划调整已是困扰郑州城市发展多年的"不能言说之痛"，但这并非制约郑州发展的根本原因，至少短期来看，相比区划调整，都市区层面的空间格局优化调整显得更为迫切和现实可行。

（1）"四轮驱动"型城市发展格局形成，空间战略重大转向。"草蛇灰线，伏脉千里"。郑州都市区空间战略已在悄然间发生重大转向。航空港主要领导由省级常委担任，地位空前提高；中原科技城同样高举高打，无

论是定位、规模，还是受重视程度，都今非昔比；高新区、经开区同时大幅度扩区，这在郑州发展历史中较为少见。中原科技城、航空城、经开区高端制造业新城、高新区科创城，东西南北"四驾马车"，赫然跃入眼帘。

同时，结合通过各大开发区不断扩区的实际，能看出郑州整体城市发展逻辑明显由原本的 32 个核心板块的收缩型、离散型发展思路，转变为扩张型、龙头型、集群化发展格局。虽然当前很多人或机构，都在谈城市发展由增量型向存量型转变，但对于郑州这样超大规模人口省份的省会城市，同时又是国家中心城市，正处于快速增长期的发展阶段，盲目套用收缩、离散等发展理念，显然不符合国家整体发展方针，更不符合城市发展规律。

（2）经开区战略功能被大大低估。首先，从 4 大开发区层面来看，郑东新区、港区、高新区、经开区各担重任。郑东新区与高新区，作为科创"双星"，东西两翼展开，遥相呼应，同时，高新区将成为郑州联动洛阳、推动郑洛西高质量发展合作带的重要桥头堡；港区与经开区，则将作为高端制造"双雄"，支撑和带动郑州及中原城市群整体制造业高质量发展。其次，从城市整体格局来看，重心东南移、发展趋势东南转向的格局已然形成。最后，从都市区层面来看，决定郑州都市圈当前及未来能否真正傲视群雄的，并非"1+8"，也非郑开兰同城化示范区，更非郑开科创走廊，而是郑港同城，郑港同城的真正归宿，也并非"主城""航空城"的"双核""裂变式"格局，而是真正形成"郑港"完全融为"一城"的"聚变式"格局。

郑港"聚变"的龙头是中原科技城（郑东新区）、港区，倘若能将两条巨龙舞动，必将舞动乾坤，全盘皆活。衔接两者的黄金节点，恰好是经开区，促进两大动力引擎"聚变"的"转换器""催化剂"，非经开区莫属。但当前的经开区，规模体量过小，空间联系不强，交通联系不畅，尤其是产业功能与郑东新区和港区之间的紧密度不够，与其说是衔接或过渡，更像是"割裂"，从而无法真正形成叠加效应、乘数效应，更无法形成"聚变效应"。经开区即便通过扩区，倘若功能和产业上没有重大调整，依然与中原科技城的科创、金融、现代服务及航空港北区的现代服务功能"天然割裂"。

从目前已有的规划及政策来看，如果还是将经开区等闲视之，显然并未发觉其真正的战略价值。经开区真正的价值，绝不仅仅只是担负制造业、物流业功能的产业功能片区，其发展高度将直接决定郑州都市圈的发展高度。所以，对于经开区的重大战略价值，还需重视与挖掘。

基于以上分析，概括来说，当前的郑州正处于历史发展重大抉择期，选对则乘势而上，选错则危机四伏。无论是国家及区域整体发展态势，还是全省重大发展战略，抑或自身发展阶段及重大功能布局，都已发生或面临重大调整，城市整体发展战略亟待重构、城市空间格局亟待优化，尤其是几大重点功能区及组团亟待重新梳理，系统性、全局性、整体性顶层设计势在必行。

郑州航空港崛起背后

回看郑州四十年改革开放：20 世纪 90 年代看高新、21 世纪 00 年代看东区、未来看航空港。火车塑造了郑州，航空重塑了郑州。但很少有人知道的是，新郑机场于 1997 年 8 月 28 日正式建成通航，在建成后的十多年里默默无闻。直到 2010 年之后，郑州航空港迅猛崛起。

一、强势崛起

近十年，郑州航空港无论是旅客人次、货运吞吐量，还是增速、排名都突飞猛进，尤其是货运吞吐量，常年居全国第七名。郑州航空港的功能地位也在快速提升，郑州新郑机场已跻身 4F 级国际民用机场，是国际航空货运枢纽机场、"7×24 小时""全时段"通关国际机场、国内大型航空枢纽机场、国际定期航班机场、中国八个区域性枢纽机场之一、中国中部地区第一大国际机场、对外开放的国家一类航空口岸。

2012 年，郑州航空港（以下或称"港区"）获批全国首个航空港经济综合实验区，在全国开先河。从郑州大都市区层面来看，航空港未来构建以航空经济引领的现代产业基地、内陆地区双向开放重要门户和现代航空都市，建成辐射全球的国际航空货运（综合）枢纽，战略地位之重要可见一斑。

二、港区逻辑

剖析港区近 20 年崛起之路，无论对于深入理解港区自身，还是理顺河南和郑州的发展逻辑都有较大的实践意义。如图 4-2 所示，回顾郑州航空港的发展，大致分为四个阶段：空港阶段（1.0 时代）、临空经济区阶段（2.0 时代）、航空城阶段（3.0 时代）、航空都市阶段（4.0 时代）。

1. 1.0 时代：空港阶段（1997—2000 年）

1997 年 8 月 28 日，郑州航空港正式建成通航，为全国重要的区域干线机场、国家一类航空口岸。同年，设立郑州新郑航空港区建设管理委员会，属新郑市管。该阶段，郑州航空港总体上仍以普通民航机场的交通枢纽功能为主，作为全国的干线机场之一，运营管理方面以行政管理为主；交通运输功能和行政功能居于主导，运营方式相对单一，产业经济功能和区域功能尚未体现。

2. 2.0 时代：临空经济区阶段（2001—2010 年）

该阶段的郑州航空港，机场旅客吞吐量飞速增长，为航空港未来的腾飞打下了坚实的基础，由区域性干线机场跻身全国八个区域性枢纽机场之一；从功能来看，由单一的交通枢纽功能向空港和经济复合功能转变，围绕新郑国际机场积极招商引资，始终保持发展活力，经济社会快速发展，入驻企业与日俱增；运营管理方面由单一行政管理向市场化运营管理转型；行政级别方面由隶属于新郑市升级为由正处级郑州市政府派出机构；战略地位方面由普通的航空交通枢纽跻身促进中原崛起、建设大郑州的省级战略地位；产业类型开始呈现航空配套产业、食品加工业、物流业等多元化业态；空间类型由单一的机场核心区向西部新郑薛店工业园区等空间外溢。

3. 3.0 时代：航空城阶段（航空港经济综合实验区阶段，2011—2025 年）

该阶段无论对于郑州航空港，还是郑州，甚至河南，都是具有决定性意义的。河南由申报中原城市群屡次受挫，到中原经济区顺利跻身国家战略序

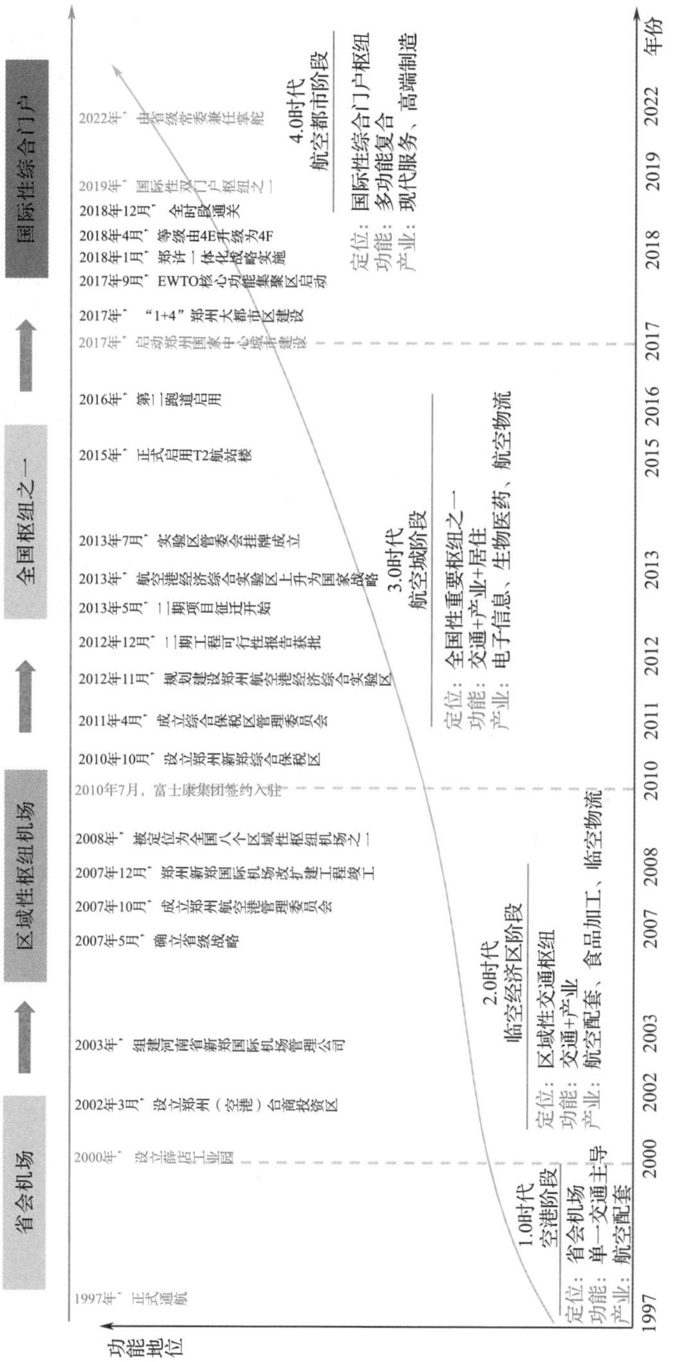

图4-2　郑州航空港4大发展阶段

省会机场　→　区域性枢纽机场　→　全国枢纽之一　→　国际性综合门户

1.0时代
空港阶段
定位：省会机场
功能：单一交通主导
产业：航空配套

1997年，正式通航

2.0时代
临空经济交通枢区阶段
定位：区域性交通枢纽
功能：交通+产业
航空配套、食品加工、临空物流

2000年，设立薛店工业园
2002年3月，设立郑州（空港）台商投资区
2003年，组建河南省新郑州国际机场管理公司
2007年5月，确立省级战略
2007年10月，成立郑州航空港管理委员会
2007年12月，郑州新郑国际机场改扩建工程竣工
2008年，被定位为全国八个区域性枢纽机场之一

3.0时代
航空城阶段
定位：全国性重要枢纽之一
功能：交通+产业+居住
产业：电子信息、生物医药、航空物流

2010年7月，富士康集团签约入驻
2010年10月，设立郑州新郑综合保税区
2011年4月，成立综合保税区管理委员会
2012年11月，规划建设郑州航空港经济综合实验区
2012年12月，二期工程可行性研究报告获批
2013年5月，二期项目正式开始
2013年，航空港经济综合实验区上升为国家战略
2013年7月，实验区管委会挂牌成立
2015年，正式启用T2航站楼
2016年，第二跑道启用

4.0时代
航空都市阶段
定位：国际性综合门户枢纽
功能：多功能复合
产业：现代服务、高端制造

2017年，启动郑州国家中心城市建设
2017年，"1+4"郑州大都市区建设
2017年9月，EWTO核心功能集聚区启动
2018年1月，郑许一体化战略实施
2018年4月，等级由4E升级为4F
2018年12月，全时段通关
2019年，国际性门户枢纽之一
2022年，由省级常委兼任航空港区党工委书记

年份

1997　2000　2002　2003　2007　2008　2010　2011　2012　2013　2015　2016　2017　2018　2019　2022

功能地位

列，再到实现 "三区一群"多重国家战略叠加，致力于打造内陆双向开放新高地，可以说，航空港在其中扮演了重要角色。功能地位方面，郑州航空港由区域性枢纽上升为国际航空物流中心、以航空经济为引领的现代产业基地、内陆地区对外开放重要门户；行政级别方面由正处级郑州市政府派出机构升级为由正厅级河南省政府派出机构；郑州航空港成为中国体量最大的综合交通枢纽中心、中部地区唯一拥有双航站楼双跑道的机场、最高等级4F机场；产业类型在原有基础上进一步向电子信息、生物医药、跨境电商、航空物流等转型升级，尤其值得一提的是该时期的地产业开始在整个产业体系中占据重要地位；空间形态从局限于机场枢纽及外围狭小的空港枢纽和产业区域逐步向北和向南拓展，并形成明确功能分工。同时，尤为明显的是发展理念发生重大变化，郑州航空港不再是以往单一的临空产业园区，更加突出生态宜居理念，通过中央湖、双鹤湖、园博园等生态设施建设，提升环境品质，凸显产城融合理念，配套建设大量的社区楼盘，而今已成长为近百平方千米、数十万人的现代化城区，由大郑州都市区的重要功能组团成为郑州大都市区"双核"之一。

4. 4.0时代：航空都市阶段（2026年至未来）

该阶段最为明显的变化，就是郑州将致力于打造具有一定世界影响力的国际中心城市。随着郑州高铁南站开通运营，航空港开启"双门户枢纽"功能，被提高到前所未有的高度，不再仅作为人口和产业集聚的城区，而是作为国际门户型区域载体支撑，引领中原城市群、郑州大都市区参与世界分工、对外开放的重要引擎和门户，向未来的航空都市迈进。产业类型进一步确定为电子信息、现代物流、高端商务、高端装备等现代化都市型产业类型。从空间来看，港区未来将是规模超400平方千米的现代化都市区，范围涵盖新郑、中牟、尉氏多个县市。

三、得失几何

1. 成功启示

总结郑州航空港的崛起，主要得益于五点：其一，适应航空时代的到来。

自公路时代、铁路时代和高铁时代之后，当今社会已经步入航空都市时代，河南及早捕捉时代先机。其二，全球经济低迷，外向型经济不振，沿海经济受损，内地地位提升，沿海开放转向陆海双向开放，沿海产业向内地转移。其三，富士康进驻，极大助力港区和郑州向电子信息、生物医药、跨境电商、航空物流等更加丰富多元转型升级，大力拉动河南外贸出口。其四，中央和国家提出"一带一路"倡议，河南顺势而为，率先打造"中国－卢森堡空中丝绸之路"和"中欧班列"，开全国内陆开放和航空经济之先河，抢得重大战略先机。其五，河南省委省政府提前谋划，"大交通带动大枢纽，大枢纽带动大产业"的战略思路极富远见，同时规划近百平方千米用地布局，为港区快速发展提供广阔战略空间。此外，河南地处中原、承东启西的优越区位，稳居全国人口第一、经济第五的雄厚实力以及广阔的腹地优势，都为港区的快速崛起奠定了扎实基础。

相比于郑汴新区的屡屡受挫，航空港近十多年的强势崛起则成为郑州发展历程中最靓丽的一道风景。郑州航空港由一座普通的省会机场，逐步成为区域性枢纽机场，进而成为全国首个航空港经济综合实验区，再到成为国际航空货运枢纽机场；成功助力郑州由普通农业省会城市，到区域性中心城市，再到国家中心城市；使河南由内向型经济体系转向外向型经济体系；夯实了区域性门户枢纽功能地位；助力中原经济区、中原城市群获批；随着郑州高铁南站开通运营，将成为"双门户"枢纽，未来将释放更大的价值潜力。

2. 发展反思

看到成绩的同时，也需要指出，郑州航空港的发展过程中存在诸多隐忧和问题，值得关注。

（1）**潜在波动影响**。目前，富士康对于港区发展无疑具有举足轻重的作用。然而，一方面，国际局势的诸多不确定性，使未来走向具有不确定性；另一方面，富士康自身作为代加工企业，随着苹果手机在全球市场地位的波动，其产量受较大影响。值得庆幸的是，而今郑州航空港功能已由最初的代加工逐步转型为相对成熟的智能终端产业生态圈，同时，随着比亚迪等一系列龙头型、未来型项目的入驻和投产，形势在逐步好转。

（2）**政策红利空间缩小和同质化竞争加剧**。原有的政策红利空间逐步缩小，趋于扁平化。郑州航空港受惠于全国首个航空港经济综合实验区，但随着之后一系列临空经济区的获批，原有的政策优势逐渐弱化。同时，伴随着郑州航空港经济综合实验区获批，临空经济受到空前重视，各地临空经济区迎来建设热潮，同质化趋于明显，竞争随之更加激烈。

（3）**本土龙头航空公司缺失**。虽然在 2019 年 6 月 14 日，河南首家本土基地货运航空公司——中原龙浩航空有限公司在郑州机场揭牌并实现首航，但本土龙头型、综合型航空公司缺失的最大短板依然未能得到根本解决。

（4）**地产化倾向相对明显**。产城融合是总体发展趋势，符合未来航空都市的打造，但反观目前港区遍地的各类住宅楼盘，产业相对较少，仍集中于以富士康为中心的周边较小范围，无论从企业规模、数量、体量，还是品牌、类型、层次，都相对单一、稀少，与其战略地位和未来发展目标存在较大落差。值得一提的是，随着比亚迪等一批项目的入驻，港区产业脱虚向实趋势逐步加强，前景可期。

（5）**生态环境品质有待提升**。放眼整个港区，几乎全部是高层高密度、低层次同质化的楼盘，高品质、高品位的住区极为少见，对于吸引高端要素、优秀人才无疑是极大短板。虽然建设有双鹤湖中央公园、园博园，改善了港区生态环境，但与同类地区相比，并无太大优势，甚至与郑东新区，尤其是北龙湖、白沙组团区域相比，环境品质也不占优，同时，各类基础和公共服务设施配套相对滞后，整体上，与"双城"地位不匹配，更与致力于打造国际航空枢纽和航空都市差距甚远，亟须在现有空间格局中找寻更优的战略空间平台。

从开封到"东京"：
辉煌是否如过眼烟云

2005 年 5 月 22 日，美国《纽约时报》在评论版中以中文标题发表著名专栏作家克里斯托夫的评论文章：《从开封到纽约——辉煌如过眼烟云》，一石激起千层浪。而今，开封收获了什么？错失了什么？未来又将走向哪里？

一、千年一叹

古今兴衰多少事，说不尽千古大宋情。

1. 北宋东京情，自古帝王州

到过开封的人，想必都去过开封的龙头景区——清明上河园，更会对其宣传语"一朝步入画卷，一日梦回千年"印象深刻。千百年来，每个开封人内心都有一个说不清的"大宋情"、道不明的"东京梦"。千年前，孟元老用《东京梦华录》诉说着复兴梦；千年后，开封人用"清明上河园"畅想着复兴梦。

开封位列中国"8 大古都"之一、国家历史文化名城。说起开封的历史，无疑是灿烂和辉煌的。千年前的北宋东京城，在世界上的地位约等于如今的纽约。无论是人口、经济、文化、科技成就，还是坊市格局，开封都达到了同时代，甚至直至近代，世界各国城市都难以企及的高度。11 世纪时，北宋东京城人口数量超过 100 万人，而伦敦当时只有 1.5 万人。

2. 浩荡的历史，跌宕的变革

曾经的城市发展大多是时代和政治的产物，与城市自身关系不大。但历经数千年的演变，会逐步内化为区域文化基因，尤其是经过大的变迁会强化某些文化特质，进而影响后世对重大决策的判断和抉择。

（1）**浩荡的城市历程**。从时间维度来审视，自开封建基，而今已4000 余年；自战国魏建都，至今 2000 多年；北宋开国，至今逾 1000 年。"欲戴王冠，必承其重"，一部开封史，半部中国史。

农业文明时期，政治决定一切，城市政治地位的高低决定了城市发展的建制规模、经济水平。在某种程度上，开封城市变迁史就是城市政治地位高低的变迁史。在近代铁路发明之前，水运交通条件可以说是城市甚至整个朝代的命脉，"因水而兴、因水而衰"，从战国时的"鸿沟"，再到北宋的"汴河"，无不缔造了开封的辉煌，也因为近代以来水系的堵塞及铁路的兴起，开封逐步衰败；开封人对于黄河可谓爱恨交加，黄河孕育了开封，同时也历次毁灭了开封，开封"城摞城"的奇观多是拜黄河所赐，尤其近代以来，黄河带来的灾害多达百余次，对开封的城市安全构成了极大威胁。

（2）**跌宕的现代变革**。新中国成立至今，开封完成了历史变迁，进入了真正的和平发展时期，城市的影响因素也发生了根本改变。但这并不意味着发展步伐就此停滞。1954 年，河南省会由开封迁往郑州，各省直机关、企事业单位连带十几万人撤离；1983 年，行政区划调整，将巩义、新密、登封等经济强县并入郑州，使原本就"元气大伤"的开封雪上加霜。此后，开封经济持续低迷长达十几年，1993 年跌入历史低谷。1994 年 2 月 28 日，《经济日报》头版头条以《开封何时能"开封"》为题指出，人称"郑汴洛"、曾以"豫老二"闻名的开封，在改革开放中落后了，主要经济指标排名均在全省后几位。

二、十年之问

"郑汴一体化"这十多年是开封最接近复兴梦的战略机遇期，开封在其间经历了什么？

1. 偶然 VS 必然

处于低谷期的开封，终于，在 2005 年迎来了转机。2005 年 5 月 22 日，美国《纽约时报》在评论版中以中文标题发表著名专栏作家克里斯托夫的评论文章：《从开封到纽约——辉煌如过眼烟云》，一石激起千层浪，拉开了以"郑汴一体化"为核心的中原城市群轰轰烈烈的建设序幕。

2. 历史的跨越

客观来说，得益于"郑汴一体化"，开封彻底走出了发展低谷，摆脱了 20 世纪 90 年代时各类经济指标几乎垫底的尴尬境地，成为河南省中原城市群、中原经济区建设中的第一批受益者。"郑汴一体化"成为全国竞相学习的对象，开封成为全省各地市的榜样。

具体表现在：开封的经济总量和增速，一度在省域地市排名中比较靠前，甚至某些单项指标名列前茅；城市空间格局实现质的飞跃，城市框架拉大，彻底摆脱受制于老城区的限制，新区和老区"双核"引领，汴西新区傲然屹立，汴西湖更是如一颗璀璨明珠，为整个城市添彩；设施超前先行，郑开大道、物流通道、开港大道、郑开城际轨道、郑开公交、电信同城等一系列建设和举措稳步推进；招商引资如鱼得水，奇瑞、恒大、银基、绿地、建业等一大批知名企业项目入驻；产业结构逐步优化，以新型工业化为代表的二产和以文化旅游为代表的三产交相辉映，尤其是文化旅游业异彩纷呈，推出了"一河两街三秀""一湖两巷三园九馆"等一大批文化旅游精品，是对开封已形成的文化资源的利用和整合，御河的开通凸显了开封北方水城的特色。可以说，开封近十年的发展，确实实现了质的飞跃。

3. 反思："郑汴一体化"之真伪

正如美国城市规划理论家芒福德所说，任何城市问题皆是区域问题。

因此，分析任何一座城市的发展，一方面要纵向看城市自身发展，另一方面要横向看整体宏观形势和区域发展，如此才能对这座城市有立体和全面的客观认知。诚然，开封在发展，其他城市也在发展，甚至发展得更迅猛，于是横向之间的比较显得重要和迫切。实际上，正是在"郑汴一体化"轰轰烈烈开展的十余年间，开封面临的区域发展形势也发生了巨大变化，变得更为复杂和微妙，甚至严峻。

具体表现在：一是战略地位下降，由"唯一"变为"之一"。曾经的"郑汴一体化"是推进中原城市群建设的唯一核心引擎，而"1+4"构建大郑州都市区，"郑许融合"后来居上，短短一年之内上升为"郑许一体化"，与"郑汴一体化"并驾齐驱，且势头更猛；在含金量非常高的国家"自贸区"和"自创区"政策中，洛阳、新乡各抢走一杯羹。二是经济相对滞后，屡被赶超，依然处于第三阵营。开封虽然在"郑汴一体化"之初取得了较大的经济发展，但只是相对和短期的优势，后来逐步被其他地市赶超，并且随着中原城市群中各地市的积极推进，开封原本占优的某些指标也逐步被追上。三是房价、地价高企，尤其是新区房价急速提高，刺激了经济泡沫，拉高了进入门槛，降低了区域竞争力，与自身经济水平和地位不相称，弱化了后发优势和区域竞争优势。四是汴西新区大量空置、老城区凋敝、棚户区遍布。五是招商引资和招贤纳才举步维艰。从招商项目来看，大多是地产项目，实业项目并不多，优质项目屈指可数，偌大的产业集聚区空置。

总之，开封曾经在 2005 年伊始所享有的作为中原城市群唯一核心引擎的"郑汴一体化"光环，逐渐变得暗淡，处境变得微妙。开封在近十年的发展中走了弯路、出现了问题，因此，必须正视问题、看清形势、理顺思路，否则就会在新一轮区域竞争中逐步沦落边缘。

三、上下求索

市场经济时代，尤其是在全面深化改革的新时代，赋予了城市自身更多的发展活力和空间，开封如若再失去本轮机遇，在迷失中沉沦是必然的。

1. 认清自我

所谓知己知彼百战不殆，只有认清自我，才能超越自我。

（1）**单一性**。开封最大的特征是单一性的城市。首先，文化单一。虽然历经4100多年沧桑，但真正对开封地域文化带来深远影响的是宋文化，在每个开封人心中根深蒂固。其次，人口单一。开封人口组成以本地人为主，基本无外来人口流入。再次，产业单一。基本无主导产业，所谓的主导产业只是基于城市自身内部产业比较而言的，在更大尺度的区域竞争中毫无优势和竞争力可言。最后，经济单一。除未改制彻底的国有和集体经济外，民营经济基本没有。以上要素构成了开封城市的单一性，正因为单一性，使城市缺乏活力和创新。

（2）**6大短板**。概括来说，开封存在以下6大短板：一是缺战略。多是对上位战略的被动跟进，命题式思维，缺乏自主创新探索，没有真正结合自身的长远战略，不仅逐步滞后，更被其他城市赶超。二是缺定力。由于未真正结合自身的长远战略全面统筹，加之频繁的队伍变动，使得全市政策和发展思路时刻在变，无法形成政策合力和工作成效叠加。三是缺资金。自身经济体量小，难以将战略和思路有效实施。四是缺活力。民营经济发展滞后，市场整体缺乏活力。五是缺人才，没有发达的经济、充足的就业创业机会、广阔的上升空间、高端的配套设施和良好的生活环境，相对保守的思想和社会氛围无法吸引人才。六是缺投资。基于以上六项因素，使得招商引资工作举步维艰。

2. 10大关系

（1）**自身与郑州的关系**。一直以来，开封并没有真正认清与郑州之间的关系，这是影响一系列决策的根源。

首先是定位不明。从国家和省级决策层来看，省域的中心只有一个——郑州，决定了一切的资源和要素优先向郑州集聚；从行政建置上，郑州是省会城市，而开封是普通的地级市；从人口和经济体量来看，郑州的量都数倍于开封；从地缘关系来看，两地行政边界距离不足40千米。这些都决定了两地之间只可能是从属关系。

其次是只求规模。 片面地认为规模越大实力越强，缺乏对城市区域功能的认知。放眼全球，顶级城市之间的竞争，根本不是规模的较量，而在于功能层级，功能决定一切。论规模，当今世界，发展中国家尤其是拉美国家特大城市比比皆是，又有几个位列全球城市呢？

再次是对一体化存在误判。 过分解读所谓的一体化即为空间、设施的一体化，因此，盲目追求空间外延式扩张、产业带的建设，将全市有限的资源和财力孤注一掷，加速了本市的空心化，并形成一片片、一条条的空间图斑和巨量的空旷用地。忽视了城市间功能的互补才是一体化的精髓，更忽略了一体化进程的渐进性。

最后是忽视与周边区域的协调。 实际上，自中原城市群开始建设的十余年来，城市群内部，甚至外围的各城市都在考虑加强与郑州的空间联系和功能互补，尤其是许昌、新乡、焦作，如许昌积极北上。不能就"郑汴一体化"谈一体化，否则极易陷入仅考虑与郑州之间的探讨，而忽视对与周边区域之间关系的思索。

（2）市区与市域的关系。 开封在区域一体化这一问题上有严重误判。"郑汴一体化"这十余年，郑州在全域化发展，而开封只有城区参与，可以说是"单兵作战"，最终形成了一个"奇观"——都市区内的典型"空间二元"：一方面是开封整体实力与郑州大都市区之间差距拉大，另一方面是市区与郊县差距拉大。郊县紧邻市区反而加速衰落，形成极不和谐的"灯下黑""都市区型贫穷"，根源在于发展重心偏离和战略误导。缺乏强有力的县域经济支撑，市区只能是无本之木，根本难以为继，更无法在激烈的区域竞争中获取优势。

（3）新区与旧区的关系。 一方面，开封未认识到自身真正的核心竞争力在于老城区，而是将有限的财力集中于追求与郑州等量齐观的汴西新区，盲目求大、急赶快上。诚然，汴西新区建设可圈可点，尤其汴西湖彰显了城市气魄和格局，但忽视了城市自身地位和竞争力，导致了目前的房价虚高、房屋空置、设施配套滞后、缺乏活力。另一方面，老城区虽经过"一湖两巷三园九馆"等一系列改造有较大改观，但依然因棚户区遍布、环境整治不力、道路改造滞后、设施配套匮乏等影响，与市委市政府所提出的"国际文化旅游名城"目标差距甚远。

（4）**政府与企业的关系**。民营经济单薄一直是制约开封经济发展的一个短板，从体量来看，民营经济队伍规模较小，上市企业寥寥无几，且基本全在新三板，市场竞争力十分有限。固然，民营经济的发展与地方文化基因和其他诸多因素有关，但其中的政商环境是一个关键因素。可喜的是，开封已意识到该问题，为此召开了全市的民营经济座谈会，但总体来看，还停留在政策、文件和形式层面，亟须在务实操作层面给予民营企业更多的支持，要远学浙江、近学许昌，为民营企业发展营造更加肥沃的土壤。

（5）**文旅与工业的关系**。纵观开封改革开放以来的经济发展历程，几乎可以说就是文旅业与工业此消彼长的过程，甚至曾经存在过很多认识误区，将两者对立起来。虽然已纠偏为"新型工业化"与"国际文化旅游名城"并驾齐驱，但在实际工作中重心会偏向工业，最典型的莫过于在招商引资过程中以经济增长为首要衡量指标，对项目类型是否与旅游城市定位相匹配暂且勿论。同时，空间布局上的相互博弈，在产业集聚区政策下，各区争相扩建产业园区，从而造成园区四面开花、工业四面围城的窘境，极大地影响了城市整体空间形象和环境品质提升，与旅游城市定位不符。

（6）**"古都复兴"与"古城更新"的关系**。开封对于历史城区的保护和利用存在一个误区，那就是未充分认识到"古都"与"古城"之间的区别，尤其是仅仅定位为一般的中小历史文化名城来改造和更新，缺少如西安大唐芙蓉园为代表的"曲江模式"，也缺乏大同古城复建的大手笔，更缺乏德国古根海姆博物馆的经典标杆项目，归根到底是缺乏放眼天下的视野和胸怀。曾经影响世界城市格局的东京城坊市格局和商业文明，只能在压缩版的清明上河园景区内体验到，实际上更应该在整个古都复兴中得到真正体现。

（7）**"小旅游"与"大旅游"的关系**。虽然开封旅游业发展已几十年，无论是发展经验，还是当前的旅游经济产值，在省内都处于前列，但是必须指出，当前的发展模式依然延续以观光旅游为主导的"景区型经济"。景点类型单一，人文景点多且集中，游客多以观光游为主，加之景区多为国有景区，缺乏产品创新，景点间产品同质化明显且收费，所以游客只会在有限的景点中挑选精华景点而不去其他景点，进一步缩短观光时间。自然景观和休闲环境缺乏，城市品位和环境品质亟待提高，并且接待设施数量和类型单一，造成游客在开封停留时间短、消费水平低，旅游产出比不高，旅游未能真正起到作为战略支柱产业的功能。这种以传统的"景区型经济"为代表的模式亟须转型，由"小旅游"走向"大旅游"。

（8）**债务与融资的关系**。金融是开封面临所有问题的"最大瓶颈"，也是解决所有问题的"金钥匙"，但对金融认知的缺乏和对金融工具的熟练运用，恰恰是开封所面临的"最大难题"。当前开封所有的建设项目的开发，几乎全部是用政府有限的财力和有限的融资来支撑的。在资金窘迫现状之下，不大可能建造出轰动性的标杆项目，更难以引起市场效应，无法带动城市的跨越式发展。

（9）**城市与黄河的关系**。一部开封城市史，可以说是开封与黄河的爱恨纠葛史。开封的兴衰更替与黄河有太多渊源，很多人知道开封也是从教科书上的"地上悬河"开始的。因此，谈论开封的发展，必然要考虑黄河。但长久以来，开封并没有充分利用好黄河这一王牌资源。如何在保障城市和黄河防洪安全的前提下，巧妙利用举世无双的"地上悬河"和生态旅游资源优势，将黄河的"绿"与开封的"文"完美结合，真正做成有全球影响力的文化旅游品牌是未来开封要认真考虑的事项，也是开封谋求"国际文化旅游名城"的王牌。

（10）**新开封与老开封的关系**。1994 年，《经济日报》刊文对开封的认知：封闭、落后；2005 年，《纽约时报》记者克里斯托弗对开封的认知：落后、衰败、落魄。这应该是外界大多数人对开封的认知，一旦这样的形象在人们心中定型，则很难改变，进而会极大地影响消费决策、旅游地选择、招商引资等一系列行为，造成深远影响。未来，开封必须进行自身形象的重塑，扭转古老封闭落后的旧开封，重塑活力开放包容创新宜居的新开封。

3. 大势研判

（1）**都市区化趋势明显**。对于中原城市群来说，打造郑州国家中心城市、郑州大都市区将是未来很长一段时期的战略中心，结合郑州当下所处的城市发展阶段，未来发展的主基调仍将是加速集聚，对于周边区域的虹吸效应还会持续增强。这就要求周边城市必须与郑州差异化发展，否则会在同质化竞争中持续受挫。同时，随着快速交通时代的到来，都市圈内的时空距离在缩小，时空圈会变大，双城生活时代也会到来，这对于开封来说是巨大利好。

（2）**文化休闲需求增加**。当人均 GDP 达到 3000 美元时，休闲旅游需求就会快速增长。以目前中国经济发展速度来看，这一时代会很快到来，文化、旅游、休闲等产业会快速发展，尤其是围绕高消费群体的文化、商务、休闲、度假、健康、养生等业态会井喷式增长。相比传统的大众旅游，这类业态投入产出比更高，对地方经济带动能力更强。

（3）**生态宜居需求增加**。经过改革开放发展，我国已由粗放型经济增长模式逐步向生态文明时代转型。在新时代，人们对于生态水平、环境质量、生活品质会有更高的要求，相比大城市的拥堵、污染、高房价、快节奏，生态优美、环境优良、舒适宜居的中小城市，对于居民，尤其是人才会有越来越强的吸引力。

（4）**绿色革命时代来临**。随着生活品质的提升，人们对于安全食品、健康食品的需求和要求会越来越高。对于郑州大都市区，未来将有可能是容纳两三千万人的巨型城市，巨量的人口，意味着食品、农产品、蔬菜尤其是有机农产品和品牌农产品的巨大需求。

（5）**城市竞争升级换代**。一方面，相比传统城市间竞争，未来城市间竞争会进一步加剧，激烈程度会远超以往；另一方面，城市竞争，尤其是高层阶城市之间的竞争，已由单纯的规模和数量竞争，逐步转向功能和质量竞争。

（6）**政绩考核趋于多元**。在新时代，政绩考核趋于多元化，这包含两层意思，一则考核多元，不再唯 GDP 定成败，而以特色取胜；二则特色化，特色化不排斥 GDP，如若定位精准科学，反而更利于拉动 GDP。

四、重整河山

1. 营造良好政商环境，重塑活力开封形象

（1）**营造"亲清"的政商环境**。这不是仅仅停留于会议、文件和口号，而应真正贯穿于各环节、各流程、各场所，营造风清气正、河清海晏的整体生态和发展环境、积极作为的干事环境、稳定团结的领导队伍、亲商安商的创业环境。积极运用好自贸试验区平台，并积极总结自贸试验区开封片区率先在全国实现"二十二证合一""四十八证 +X"联办等成功经验，切实提高办事效率，为企业发展创造广阔的空间。

（2）**树立改革观念意识**。开封亟须一场思想解放运动、一次彻底的全市改革发展大讨论，杜绝以往落后、保守的观念意识，改变计划经济思维，真正树立勇于改革的新理念，锐意进取，全面深化改革。在此基础上，积极探索机构改革，借鉴沿海地区先进经验，成立文化旅游委员会、会展局、金融局、大项目办等新的机构，适应未来发展新战略。

（3）**重塑活力开放新形象**。开封应扭转相对封闭落后的保守形象，树立开放活力格局，积极承办各类体育、娱乐、科技等会议、论坛、赛事、节庆等，尤其是一些时尚的音乐节、电影节、动漫展、文创会议、互联网大会等赛事节庆活动，在塑造新形象的同时，促进自身观念意识思维的更新，适应新时代发展。

2. 找准战略定位，保持发展定力

由综合型城市向功能性城市转型，谋取开封在中原城市群、大都市区层面的某一项或数项功能，以特色化、差异化取胜。尤其在郑州大都市区内应抢占 3 大高地：文化高地、绿色高地和休闲宜居高地。其中，文化高

地重点强化都市区文化中心、会议、会展、展览、创意功能；绿色高地重点强化中原绿谷、绿色食品、品牌农业、都市区"生态厨房"；休闲宜居高地则重点强化郑州大都市区"第二居所"首选、休闲度假首选。

（1）**国际文化休闲名城**。开封目前的定位为"国家文化旅游名城"，但我更倾向于将其定位为"国际文化休闲名城"。两字之差，实质上意味着目标市场定位、产品业态构成、生态环境质量、设施配套层次、城市治理水平的更高要求。实际上，开封在这个方面应该向成都和杭州学习，两座城市都是成功实现由旅游城市向休闲城市转型升级的典型，也正是休闲名城的打造促进了城市的全面提升，实现了质的飞跃。

尤其值得注意的是，成都正是借助城市休闲主导功能定位的转型，扭转了与重庆由最初竞争工业投资，到后来均主打休闲和文化创意，从而实现区域良性互动的成功典范，这对于当下的开封和郑州尤其值得借鉴。纵观整个中原地区，开封可以说是与成都气质最为相近的城市。宋文化的核心内涵在于市民文化，这也正是开封作为8大古都之一区别于其他古都的最大特征，放在当今时代语境中，实质就是要突出其文化休闲宜居，而不能仅停留于所谓的"过境式"文化旅游城市，终极目标应是吸引文化产业人士前来休闲生活创业，只有通过外来中高端人口的注入，激发社会活力，进而从根本上实现古都的复兴。

未来通过完善和强化文化旅游、休闲度假、会议会展、展览展示等复合型功能，开封应该学习杭州免费开放西湖的气魄、积极承办国际休闲博览会的举措，将龙亭、包公祠、天波杨府、铁塔等传统国有景区逐步免费开放，并积极承办一些国际性会议会展、节庆赛事，逐步走向国际化，将整个城区主题景区化，实现由"小景区经济"走向"大旅游经济"，进而从"全域旅游经济"向"大休闲经济"转型。开封真正摆脱文物点、景区点、旅游点依赖之时，才是开封旅游业和经济真正崛起之时。

（2）**新型工业之城**。开封在工业领域应坚持以生态型工业为主，在具体产业选择上，重点并购、重组做大做强先进制造、汽车零部件制造、空分设备等优势产业，重点培育食品加工作为未来战略性主导产业。在空间布局上，城区甚至全市工业优先集中布局，尤其是城区内一定不要让工业园区四面开花，集中布局于新区，加快增强城区集聚性和首位度，提高对县市的集聚和辐射能力，真正实现产城融合发展。此外，一定要列出工业负面清单，坚决取缔污染型工业。

（3）**生态宜居之城**。与郑州过高的房价、拥堵的交通相比，开封无疑具有得天独厚的优势，加之优越的区位、便捷的交通、舒适的生活，未来只要能够控制好房价，无疑会对郑州大都市区内大量人群产生吸引力，从而实现人口的流入、人才的入驻，借助人口和人才优势，更有可能吸引高端业态和项目入驻，实现经济的快速高效良性发展。

（4）**中原"绿谷"**。目前，人们对绿色农产品和健康食品的需求与日俱增，郑州大都市区未来的巨量人口带来的巨大需求，加之国家对乡村振兴和农业的巨大政策利好，可以预见农业、农产品必将迎来巨大利好。而且，与传统工业相比，绿色农业、有机农业和品牌农业所带来的效益毫不逊色，甚至有更大的空间。放眼郑州大都市区，有基础、有条件、有优势的"绿谷"非开封莫属。开封可加快推进布局，各县区结合乡村振兴、特色小镇的打造，积极推动建设各类农业体验公园、设施农业、休闲农业、农业科研，生产新鲜的蔬果、水果、乳制品等，进而带动绿色有机农产品深加工、品牌农产品全链条的发展，构建大都市生态农业圈，推动一场"绿色革命"，着力打造郑州大都市区的"绿谷"和"生态厨房"，从而实现经济的弯道超车。

3. 优化城市整体空间格局

首先，在郑州大都市区层面，开封应更多强调与郑州在功能、交通和产业方面的联系，而非机械的空间连片。通过高铁、城际轨道、高速、快速通道建设，强化与郑州和机场的联系，尤其强化开封至新郑机场轨道交通和高速公路建设，实现"一场两用"，摆脱无民用机场的尴尬。适当优化4大产业带（自贸联动带、开港经济带、郑开创新创业走廊、文旅经济带）的组团化布局，而非线状蔓延，但重心一定在开封城区，不可偏颇。

其次，开封应优先发展内城。新区预留战略空间显得尤为可贵，尤其是所谓的"开港金三角"，远期尚可考虑，但近期一定要慎重，因其极有可能成为新一轮圈地运动，丧失长远后发战略优势。从省域和郑州大都市区层面来看，肯定会优先投资郑州和港区，而非开封区域，倘若"铺大摊子"，前景堪忧。

再次，在市域层面，开封应整合全市资源优势，强化城区与市辖县区的空间联系。尽快打通市区至通许、尉氏、杞县、祥符、兰考、朱仙镇的高等级快速通道建设，打破交通瓶颈，形成网络化整体；研究城际轨道延伸至朱仙镇；各县域一定要杜绝蔓延式扩张，而应强化提质增效、人居环境提升；加快产业集聚区整治、缩减和撤并，以及内部的企业并购；县城和产业集聚区节约建设用地指标，进行指标入市转化为资金；研究制定政策，充分激发县域经济活力。

最后，未来城市空间审慎扩张，逐步由增量发展向存量提质转化。开封应将重心转向现有的汴西新区和老城区：汴西新区布局生态型、技术密集型工业、现代服务业、文创研发产业，老城区则以文化旅游、休闲宜居、文化创意、会展现代服务和生态居住为主导；将汴西新区消化库存与老城棚户区改造相结合，采用货币化安置模式，实现新老城区人口、空间的合理置换，大手笔恢复老城区肌理和特色风貌，实现真正的城区主题园区化；城市道路网优化，合理规避过境交通和交通性需求对城区尤其是老城区的干扰。

4. 标杆性龙头项目

（1）一座古都：宋都文化主题园。 近年来，开封将整合古城区为主题，功能化打造宋都古城文化产业园区，推出"一河两街三秀""一湖两巷三园九馆"等一大批文化旅游精品，这个方向非常正确，应在此基础上，以更大力度、更大手笔、更大气魄继续推动。从功能上，对旧城进行功能置换和疏解；从空间上，对于遍布的棚户区，与汴西新区"去库存"相结合，采取货币化安置，实现整个城区的"腾笼换鸟"，新旧功能和人口的置换；对与古都风貌和空间肌理明显不同的楼盘，逐步改造甚至整体拆迁；将整个古城区按照景区的经营管理模式来操作，实行机动车限行，最好能实行真正的非机动化和地面轨道化交通、智能公交化；绕古城墙和御河水系的主要街道铺设观光小火车；修建观光步道和旅游服务设施；大力整治环境，控制户外广告牌匾色彩和建筑风格、建筑高度；多增加绿地和广场；完善休闲餐饮、酒店住宿、会议度假设施。在建设过程中，一定要突出古都，而非古城，因此，对各类建设标准和水平一定要有更高的要求。

（2）一座地标："东京塔"。正如德国古根海姆因一座博物馆建筑杰作，带动整个城市崛起一样，开封同样需要一座地标性项目。可邀请全球或国内知名建筑大师，在辽阔的汴西湖畔建设一座令人震撼的地标"东京塔"，再现北宋东京城"世界第一大都会"的气魄和格局，彰显新开封的国际化视野和现代化气息，与历史城区的铁塔呼应，更与郑东新区的千玺塔、中原福塔遥相呼应，构建郑州大都市区的时空轴。

（3）一座园林："艮岳"。可邀请世界知名园林设计机构，大手笔恢复建设体现北宋皇家园林巅峰的"艮岳"，打造开封版的"大唐芙蓉园"，体现北宋东京城国际化气派的同时，也能极大提升城市生态环境品质，未来可以作为休博会主会场。

（4）一处奇观：黄河"地上悬河"。利用"地上悬河"的知名度，利用黄河生态旅游资源优势，大手笔重点打造黄河"地上悬河"景观，高价征集方案，以高起点高标准建设，集生态旅游、会议会展、休闲度假、健康养生等于一体，从而形成自然与人文的完美结合。

（5）一场盛会：国际休闲博览会。虽有数十年的开封菊花花会的办会经验，但开封至今未承办过一次国际性会展，从而使得整体建设水平、环境品质、设施标准、服务档次、产业化程度都与国际甚至国内同类城市存在较大差距，如昆明世博会、杭州休博会带动城市经济发展、品质提高、国际开放、形象提升一样，开封也需要通过一场国际性会议，带动硬件层面的全面系统改观，促进思想观念、思维意识的彻底改观，对于未来全市全面深化改革大有裨益。

5. 善用金融杠杆，积极进行制度创新

"自身资金短缺、金融手段匮乏"是以往困扰开封各项工作开展的最大短板。当前，国家全面深化改革进入深水区，亟须各领域先行先试，尤其放开了对土地制度的多年羁绊，同时，大力提倡乡村振兴战略和精准脱贫政策，这对于有广阔农村腹地、以传统农业为主的开封而言，无疑迎来了发挥后发优势的机遇。以信阳、息县为例，每年利用通过国土系统土地综合整治所节约出的建设用地指标进行入市交易，就能实现二三十亿元的收益。倘若开封能积极学习借鉴息县、卢氏和其他地方的先进经验，在此领域大力探索和尝试，同时，结合各县市区对城区、产业集聚区的建设规模控制、用地挖掘和整理，加之国家允许跨省进行建设用地指标交易，无疑将挖掘出蕴藏的巨额宝库；全市进行资金的统一调度，并整合各类政策资金，形成资金池，进而运用金融手段撬动社会资本，必将释放巨大的金融能量。在此基础上，开封可分别成立各类大型项目开发基金、产业发展基金、乡村振兴发展基金、民营经济发展基金、民营企业家培养基金等。在金融运用方面，建议由政府成立专门的金融局和各类基金管理机构，尤其要舍得花巨资引进高精尖的金融人才进行运作，政府加强监管即可。可以预想，开封未来的发展空间将是巨大的。

（注：本文首发于 2018 年）

郑开同城化：
开封究竟该怎么办

道路问题是方向性问题，是最根本性的问题。

城市与人一样，从决定向谁学的那一刻起，就基本注定了结局。很多时候你是谁并不重要，和谁在一起才重要。

开封便是鲜明的写照。长期以来，开封一直坚持"近学徐州、远学杭州"，这就是选错了学习对象，从而造成诸多重大战略的误判。

一、为什么学不会徐州

表面上看，徐州与开封同属北方，同处陇海、连霍所构成的亚欧大陆桥之上，距离不算远，且都是历史文化名城，但是，两者存在巨大差别。

首先，徐州为典型的资源型城市，产业结构以重工业为主，而开封则属于典型的传统农业区、非资源地区，产业结构以轻工业为主。**其次，徐州为典型的交通枢纽型城市**，坐拥陇海、京沪两大国家干线枢纽，紧邻连云港、青岛港等出海口，连接京津冀、长三角两大增长极，而开封只是陇海沿线众多节点之一，交通瓶颈恰恰是制约其城市发展的最大痛点和短板之一。**最后，徐州为天然的区域性中心城市**，徐州在周边300千米内"一家独大"，地处淮海经济区中心，有着广阔腹地和丰富的劳动力和要素资源，能够充分发挥集聚和辐射效应，而开封则紧邻郑州，郑州正处于加速极化期，使得开封深受郑州虹吸效应影响。

以上三点决定了两地的发展道路不可能相同，不具可比性，更不可照搬。

二、为什么学不来杭州

"暖风熏得游人醉，直把杭州作汴州"，开封与杭州虽地处南北、天各一方，但同属宋朝都城，历史渊源和诸多文化特质一脉相承。开封言必学杭州，从文化旅游为主导产业，到古城建设、景区开发，再到旅游产品设计等诸多方面，开封几乎都在模仿甚至复制杭州经验，甚至开封新区的湖被命名为"汴西湖"，两地联合举办"两宋论坛"等。

客观来说，这确实促进了开封文化旅游业的发展和城市整体形象提升，但战术层面看似成功，恰恰掩盖了战略层面的误判。

首先，杭州是省会城市，而开封非省会城市。熟悉开封历史的人都知道，正是省会的改迁，在一定程度上造成了今日开封之落寞。省会城市通过行政手段能够调动和整合的资源，绝非一般城市能够相比，这是开封与杭州最大的差别。**其次，两地均未能以更大区域尺度来审视自身**。"沪杭一体化"落后于"沪苏一体化"，拉大了与上海之间的差距，甚至拉开了与苏州的差距，这与"郑汴一体化"十多年间的开封何其相似。**再次，杭州的发展过分依赖阿里巴巴、过分依赖文旅、过分依赖地产**。制造业相对空心化是杭州的硬伤，单纯重视数字经济和文旅休闲制约了整体实力提升，高房价直接影响制造业和人才的入驻，降低了城市竞争力，而单纯发展旅游业同样是开封的弊病。**最后，同为宋朝都城，同打宋文化牌，杭州恰恰是开封潜在的竞争对手**。杭州与开封无论是文化旅游主题定位、旅游景区景点类型，还是旅游产品内容，都存在明显的同质化，而杭州地处核心客源腹地、坐拥交通枢纽，对开封具有明显的替代效应。

当然，我并非反对开封学习杭州，更绝非完全否定杭州的发展，而是强调两者在发展路径上存在巨大差别，尤其是总体战略层面的发展。

三、究竟应该学习谁

回答这个问题之前，要先认识自身，认清"我是谁、我从哪里来、我到哪里去"。看似简单，但这恰恰是困扰开封的问题根源。

回顾开封数十年的发展，城市整体战略时而提"郑汴一体化"，时而提宋都复兴，时而提工业城市，时而提旅游城市，能看出整个发展战略为飘忽状态，没有充分体现重大战略定力和战略的连贯性，根源就在于总体战略不清，没有认清自身。正因为这一本质问题未能根本解决，使得开封多年来无法认清工作方向和重心、无法有效整合各项要素资源做重点突破，导致全局工作无法有效开展、整体发展态势相对疲软。

开封究竟是谁？我认为开封的本质特征有两个，首先是"强省会"都市圈核心层内的重要增长中心，其次才是国际文化古都。以这两大特征为准则，放眼国内，就能发现开封真正应该学习的既非徐州、杭州，也非当前正在积极学习的西安，而应该是苏州。

苏州、杭州虽然地缘相近，且自古有"上有天堂下有苏杭"之说，太湖流域和钱塘江流域看似一水之隔，但彼此的文化特质和地域属性还是有很大不同的，分属吴越两大文化圈。

即使今天，虽然同属历史文化名城，杭州有着休闲之都的称号，提及苏州则先想到的是中国第一地级市、经济和工业大市、东方之门，然后才是苏州园林和姑苏古城等文化特质；虽然同属于上海都市圈两翼，但大有"既生瑜何生亮"之势，这与当前的开封、许昌与郑州之间的关系何其相似。

开封为什么要学习苏州。**首先，诸多关键特征相似。**一是苏州与开封一样，都属于非省会城市；二是都紧邻强势经济中心，苏州紧邻上海，开封紧邻郑州，都受到经济中心的强力辐射；三是同为历史文化名城，苏州有姑苏古城，开封有宋都古城；四是城市空间格局类似，城市新旧分离、古城与新区相得益彰，苏州有姑苏古城和苏州工业园区，开封有宋都古城和汴西新区；五是都存在交通方面重大缺陷，自身无机场，都要借助中心城市机场；六是文化旅游业都在各自的产业体系中占据重要位置；七是文化同宗，都受宋文化影响深远，比较典型的如苏绣与汴绣、苏州园林与北宋皇家园林。此外还有诸多相似之处，不再逐一枚举。**其次，苏州取得重大成功**。一是与上海一体化态势良好，彼此功能高度一体、空间无缝衔接、要素自由流通，真正实现"双赢"；二是经济总量、经济增速指标优异，多年稳坐全国第一地级市之位；三是发展动力充足，产业体系完善，尤其是工业实力强劲，发展可持续性强。

四、具体学什么

1. 学习如何当好"老二"

分析苏州发展之路，重要的一点就是其从一开始就给自己做了精准定位——踏踏实实做好"老二"。在此战略定位下，苏州主动放低姿态，大力承担上海和海外地区产业转移、生态居住、文旅休闲等重要功能，积极主动作为、不等不靠不要，同时善用市场力量，实现空间、交通、公共服务、基础设施等全方位无缝对接，真正实现沪苏功能一体化。苏州由此加速了自身产业、人才、资金、信息和技术等要素集聚，有了苏州工业园区、姑苏古城复兴、昆山等一系列强势崛起，成就了苏州的今天。因此，开封一定要转变心态、认清自身，学会、适应和当好"老二"，增强实力才是根本。

2. 坚持工业和文旅休闲"两手抓"，强化实体经济发展

苏州以苏州工业园区和各类开发区、产业园区为核心空间载体，积极引进和大力发展电子信息、生物医药、智能制造等实体经济，同时依托丰富的文化旅游资源大力发展文旅休闲业。这对于当下和未来的开封来说至关重要，一定不能顾此失彼，要筑牢工业实体经济的根基，同时，强化与发展文化旅游业，由文化旅游业向休闲度假进行转型升级。

3. "新城＋新型工业化""古城＋文旅休闲"比翼齐飞

苏州老城区依托姑苏古城，充分彰显江南水乡古镇等历史文化魅力，

实现古城复兴和文旅休闲业发展；苏州工业园区虽然名为工业园区，但已经实现产城高度融合一体化发展，成为带动全市经济发展的增长极。开封恰好也是"双核"模式，由汴西新区和宋都古城构成，城内"御河水系连通"工程已经实现，可以借鉴苏州古城开发经验，重现往日大宋都城繁华；汴西新区和开港经济区尉氏组团与苏州工业园区具有极强的相似性，完全可以借鉴苏州工业园区的发展运营模式，采用"飞地经济"发展模式，实现产业转型升级。更为巧合的是，汴西新区有汴西湖，与苏州工业园区内的金鸡湖有异曲同工之妙。金鸡湖不仅是新城，更是苏州甚至更大区域的企业总部、经济金融、科技研发、商务商贸、文化创意、时尚休闲、高品质居住等众多核心功能集聚高地，未来汴西湖也可以以金鸡湖为标杆，进行全方位打造。

4. 高度重视县域经济发展

苏州所辖昆山、常熟、张家港、太仓，包括已经划区的吴江，都是全国百强县，而且排名靠前，尤其是昆山，常年位列全国百强县之首。如果说，苏州的成功很大程度上来自县域经济的发达，那么，开封的失落则很大程度上来自县域经济的落后。就以目前开封经济实力最强的尉氏为例，虽然在开封位居第一，但与周边县市相比并不占优，而昆山与尉氏分别紧邻上海虹桥枢纽与郑州航空港枢纽，其所处区位及自身特质极为相似，具备成为"中原版昆山"的潜质，但由于未受到足够重视和支持，巨大潜力未能充分释放。同样，通许、杞县等县市处境更为尴尬，开封未来应该充分重视县域经济发展，积极承接先进地区的产业转移，同时加强科技研发、文旅休闲、商贸服务等全方位合作。

此外，除了物质、硬件层面的学习，更应学习苏州的发展理念、观念和思维，运用开拓性思维先行先试，善用创新性思维深化体制机制改革，活用市场化思维推进郑开同城化、区域一体化，多用运营化思维推进城区、园区和景区转型升级。

许昌：中原"扫地僧"

一、大隐于市

金庸的武侠世界中有一个神秘的绝世高手，就是"扫地僧"，其貌不扬、默默无闻，不出手则已，出手便是一招定乾坤！

在中原18个地市所构成的"十八罗汉"中就存在这样一位世外高手——许昌。2018年1月24日，"郑许一体化"正式写入河南省政府工作报告，被提高到与"郑汴一体化"同等重要的地位。实际上，在2017年初，"郑许融合"才正式提出，也就是说仅用一年时间，许昌实现了蝶变。

曾几何时，许昌仅是河南18个地市中很普通的一员，从最初的郑洛城市工业走廊到"郑汴一体化"，从中原城市群（"1+8"版）到中原经济区，再到当前的中原城市群和郑州大都市区，在河南数次重大战略调整中，自始至终，许昌只是众多参与者中的1/18、1/9和1/5，但绝非主角，更绝非唯一。

"郑汴一体化"提出至今已十年有余，而今，许昌用一年时间实现了从"郑许融合"到"郑许一体化"的跨越，换句话说，许昌用1年时间走完了开封10年的路。虽然"郑开同城化"再次成为重大战略，但从实际发展成效看，显然，"郑许"发展势头更为迅猛、动力更为强劲。许昌究竟做对了什么？

二、"偶然" OR "必然"

如果深入分析别人的成功，就会发现任何成功在看似偶然中都有其必然。

1. 天时

任何城市的发展都脱离不开区域，因此，谈论任何城市的发展，必须从更大空间尺度去审视。对于许昌同样如此，不能仅就许昌谈许昌。"郑许一体化"的提出是顺应国家和全省宏观发展格局的战略举措，在全国层面，随着京津冀、长江经济带几大战略的提出，标志着国家正由沿海战略向陆海双向统筹战略调整，陆权优势会在新时期更加突出；在全省层面，河南作为串联东中西部和联系京津冀、长江中游、粤港澳大湾区的重要纽带作用更加凸显，其战略意义大于"郑汴一体化"；在郑州大都市区层面，以"双核"为格局，谋求国家中心城市发展目标，向东、向南成为战略中心，"郑许一体化"应该说是顺势而为。

2. 地利

不可否认，许昌的发展在很大程度上得益于其优越的区位优势。其地理位置处于中原之中，是横贯东西、串联南北的必经之地；经济区位处于中原城市群核心地带，紧邻郑州大都市区和航空港综合实验区，属于中原地区经济最为发达和活跃之地；交通区位更是得天独厚，距离郑州机场仅约40千米，有京广高铁、京港澳高速、兰南高速、永登高速、G107、G311等对外干线交通以及市域内密集的道路体系，加上规划的郑渝高铁、郑合高铁、郑许市域城际铁路，一个市域内有三个高铁站，这在省内不多见。发达的多维立体交通网络，极大地促进了市域内外的各类资源要素流通，从而较好地促进许昌经济的快速发展。

3. 人和

从体量来说，许昌的市域面积、人口规模、所辖区县数量都居于其他地市之后，但经济综合实力稳居全省第一方阵，经济增速更是常年居全省第一位；若是按照人均指标或几项核心指标衡量，可谓一骑绝尘。

从产业结构层面来说，许昌一方面拥有电气装备制造业、食品加工业、超硬材料制造业、生物医药制造业、有色金属加工业、冷链物流业等雄厚的核心产业基础，生态休闲、康体养生、都市农业、文化旅游等特色产业体系；另一方面，许昌富有竞争力的产业体系又与郑州产业之间具有较强的差异性和互补性。

从资源条件来说，拥有优良的生态环境是许昌有别于其他省辖市的一项优势，也是吸引郑州地区资源向许昌流动、集聚的一张王牌；通过水系、花木、绿化等特色优势，许昌可大力发展生态旅游业和健康养生养老业，突出抓好国家健康养老示范区规划、争取、建设工作，加快谋划建设生态文化区，全力打造郑州的"南花园"。

从空间布局来说，郑许之间虽有近 80 千米的距离，但在其间分布着航空港、新郑、华夏幸福产业新城、长葛、中原电气谷、大周产业集聚区、中德中小企业合作示范区等众多空间节点，产业和城镇基础雄厚，具备打造组团化、网络化大都市空间体系的巨大优势。

以上谈到的更多是结果，也就是"扫地僧的现在"，但这里更想探究的是"扫地僧的过去"。尤其是在言必谈国外、言必谈沿海的当下，关注和学习身边的高手，对于其他中原城市或许更具战略和现实意义。

三、"心法"远胜于"套路"

1. 稳定团结的政治生态决定一切

许昌历届领导班子在传承中逐步形成了和谐团结、勤勉务实、敢拼敢干、勇于担当的优良传统，以"有所为、有所作为"为荣，以"不作为、胡作非为"为耻，干事创业氛围浓厚，历届领导班子交接平稳有序。并且，在保证领导班子成员有序更新换代的同时，还能确保全市发展战略定力不变，前后工作思路有序传承，坚持一任接着一任干；各级领导上行下效，使得全市整体干部队伍作风优良，从而获得群众的好口碑，进而实现社会经济的稳定快速发展。

2. 超前的战略研判、敏锐的政策嗅觉

"台上一分钟，台下十年功"，以此来形容许昌，十分贴切。我们不能只看到许昌仅用一年时间就实现从"郑许融合"到"郑许一体化"的跨越，想当然地认为这是偶然的，如果深入了解许昌的发展历程就会明白，这看似偶然之中有其必然。

早在十多年前刚提出传统意义上的中原城市群之时，许昌就已经开始积极探索自己在河南及中原城市群中的未来发展定位，并逐步寻求与郑州的积极对接。早在 10 年前编制的《许昌市城乡统筹发展推进区总体规划》，谋划向北发展，通过"许昌—长葛一体化"，进而向北对接郑州。在 5 年前，郑州航空港经济综合实验区刚批复没多久，许昌就已经着手郑州航空港经济综合实验区许昌承接区的规划研究工作，不仅是许昌，其下辖的禹州、长葛、鄢陵等县市也都在积极探索与郑州和航空港的对接和融入。除规划外，许昌还进行了产业、设施、政策、理论等多领域、深层次的探索，如争取到三个高铁站的设置，这在省内可以说是独一无二的。

正所谓"机遇永远留给有准备的人"，2016 年 12 月，《中原城市群规划》刚颁布不久，许昌市委市政府敏锐地把握政策，迅速开展《郑许融合空间发展战略规划》的编制，于 2017 年中率先编制完成并形成较大的舆论氛围，随着各项工作的积极推进，加之前的雄厚积累，逐渐受到省委省政府的高度重视。终于，在 2018 年 1 月 24 日，"郑许一体化"正式写入省政府工作报告，"推进郑汴、郑许一体化和郑新、郑焦深度融合"，与"郑汴一体化"并列。

"郑许一体化"与其说是省级层面对许昌的眷顾，不如说是靠许昌自身积极主动争取而来的，与其他地区"等靠要"的消极思维形成了极大的反差。

3. 和谐开放的营商环境、强劲的民营经济

"参天大树之下必有一片沃土"，这是许昌知名民营企业家森源集团董事局主席楚金甫的话，概括了营商环境与民营经济的关系，更代表了民营企业心声。二十世纪八九十年代，许昌民营经济就已经蓬勃兴起，虽几经波折，但在各方齐心协力之下，风雨之后终见彩虹。许昌民营经济占到了经济总量的 80% 以上，为全省民营经济最活跃的地区。

许昌的发展中有一条宝贵的经验：得益于民营经济的发展，民营经济的发展则在很大程度上得益于良好的营商环境。在省内最早提出"亲清"的是许昌，落实得最好的还是许昌，正因为如此，才有如今民营经济的欣欣向荣。此后，许昌在全省率先掀起新一轮培育民营经济发展热潮，于2016 年召开高规格的全市民营经济发展座谈会，并在此基础上出台《关于加强民营经济发展的意见》，涵盖提高行政审批效率、减免税收费用、落实用地保障、支持开拓市场、搞好金融服务、推动品牌创新、培育企业家队伍等多方面、全方位、系统化的政策体系设计，真正切实解决企业问题、真正帮助企业做大做强。正因为民营经济的活跃使得许昌整个市域产业结构和各产业集聚区层次鲜明且丰富多样，与其他地市以招商引资为导向的外来植入性产业和行政指令性的主导产业选择截然不同，而是以本地根植性产业为主，是经过多年发展积累而来的，经过市场优胜劣汰洗礼，根植于市场之中，更具发展潜力、竞争力和可持续性。

如今，各地也开始注重营商环境的营造，提倡培育"亲清"的营商关系，这是进步，值得肯定。但是"说易行难"，某些昔日民营经济繁荣的地区式微，纵然受整体经济环境影响，但内因更是决定性因素。

4. 多极支撑的空间格局、富有活力和特色的县域经济

从空间层面来看，许昌采取的是多点开花、多极支撑的网络化空间发展模式，非常类似德国城市化空间发展模式，区别于其他地市所走的"单极化"、单点突破的发展模式。实践证明，该模式更具持久力和竞争力。

许昌的成功得益于县域经济发展的成功，更难能可贵的是在仅有四百

多万人的市域竟然孕育了各具特色且极具知名度的四种县域经济发展模式，对于处于中原的许昌，这或许代表和指明了河南乃至中部地区绝大多数县市未来城镇化的发展方向。

（1）民营经济典范——长葛。如果说许昌是河南民营经济的代表，长葛则是许昌民营经济的代表。很难想象一个仅有 60 多万人的县级市，各类企业达到 3500 多家。其中，规模以上工业企业 416 家，规模以上服务业企业 386 家，本地上市公司 3 家，天交所挂牌企业 4 家，销售收入超百亿元企业 4 家，中国民营企业 500 强 4 家（黄河、森源、众品、金汇）。长葛产业集聚区连续多年位列全省产业集聚区前十强，仅次于航空港实验区、郑州市经开区、郑州市高新区。除此之外，还有以大周镇中德工业园区为代表，集合数百家企业的有色金属加工产业集群；官厅镇集合上百家企业的蜂产品产业集群，都是具有全国甚至国际影响力的产业集群。长葛已形成了 4 大主导产业（现代装备制造、超硬材料及制品、再生金属加工、食品），5 大特色产业（卫浴洁具、建筑机械、包装印刷、人造板材、蜂产品），4 大新兴产业（电子信息、现代医药、新能源、新材料），先后被命名为中国中部卫浴产业基地、中国蜂产品产业基地、全国小型建筑机械产业基地、中国中部纤维板生产基地、中国中部不锈钢产业基地、中国汽车零部件生产基地、全国工业百强县市。

（2）绿色经济样板——鄢陵。鄢陵用 20 多年的时间，实现了一个传统农业小县的逆袭：传统农业小县—苗木大县—苗木花卉大县—生态休闲大县—生态宜居花都，实现了由一产到一二三产的融合发展。鄢陵致力建成中国一流的优质花木生产交易基地，被称为中国花木第一县、国家级生态示范区、国家可持续发展实验区、国家健康养老示范区、全国休闲农业与乡村旅游示范县。

（3）资源型经济转型标杆——禹州。禹州的产业结构逐步由能源、建材等传统主导产业向装备制造、生物医药、钧陶瓷、新能源、文化旅游等特色主导产业转型，实现全市规模以上工业企业 447 家，股权交易中心挂牌交易企业 21 家，"新三板"上市企业 3 家。空间结构由县城一城独大转变为"生态宜居城市＋特色小镇＋山地景区＋美丽乡村"的全域空间发展模式。禹州被列为全国新型城镇化综合试点市、全国发展改革试点市。

（4）招商引资模式示范——襄城。襄城由偏安一隅的传统农业小县，依托资源和后发优势，逐步探索出招商引资、工业化赶超之路，初步构建起以现代精细化工、新材料为主导的现代工业体系，以烟草种植为特色的现代农业体系，尤其是国内煤化工产业链条最长的循环经济产业园区，被命名为河南省新型工业化产业示范基地；高纯硅材料产业主导地位初步确立，已列入河南省电子信息产业转型升级行动计划和许昌市战略性新兴产业，致力建设 1 个千亿元级硅材料产业集群，打造"中原硅都"。

富有活力的县域经济壮大了全市整体发展基础和腹地优势，增强了持续发展动力，这是其他地市需要学习和借鉴的。某种程度上也是对其他地市，尤其是中西部地市盲目延续既有的传统"省—市—县"畸形行政管理体制惯性思维、一味机械地做大中心城市的认识误区的矫正，典型如开封、洛阳、周口等，盲目求大、想当然地强调区域极化和辐射带动，忽视了县域作为构成区域有机体基本细胞单元的生物学基本常识，以及区域与县域经济发展互为支撑的实际演进规律。

5. 一流的城市、一流的生态、一流的设施、一流的市民

许昌的城市建设独树一帜，规划建设超前，在省内率先出台城市规划管理技术规定，同时也是省内最早成立城市规划技术委员会的城市之一。从其城市新区、城市中轴线的建设便可见一斑，整体城市格局、空间形态、建筑风貌、基础设施质量、配套设施水平等各方面，抛却地级市与省会城市的空间尺度差异，一点不比郑州差，甚至某些方面远优于郑州，更优于其他地市。许昌的城市生态绿化一流，生态水系建设独树一帜，成为全国第一批、河南第一个全国水生态文明试点城市，并且是全国文明城市、生态园林城市。一流的城市人居环境带来一流的城市居民，两者相辅相成，许昌城市居民整体素质得到极大提高，良好的人居环境和社会氛围，以及较好的经济发展水平，吸引了人才和投资，进一步促进城市发展，形成良性循环。

6. 独特的地域文化特质

"千里不同风、百里不同俗"，任何一个地方都有特殊的地域文化。正如浙江的"温州模式""宁波模式""义乌模式"，虽然处于相同省域，但各地资源禀赋尤其是地域人文差异迥然，对于河南同样如此，虽然同处中原，但不得不承认各地之间的文化特质、民风民俗等方面还是存在较大差异的。许昌由于所处地理区位、资源条件尤其是在多年市场经济大潮中的历练，逐步形成了以开阔的视野、开放的心态、市场的意识、创新的思维、开拓的精神为特征的独有的地域文化。这也在一定程度上解释了为何同处类似区域，其他地市的民营经济却相对滞后。

总之，许昌的成功是经年之后深厚功力的厚积薄发，是水到渠成，是必然，绝非偶然。当然，也需要时刻保持清醒，毕竟"郑许一体化"只是一个开始，未来还有很长的路要走，还有太多未知的领域需要探索。在此过程中需要时刻保持战略定力，不可盲目为做大而做大，要追求精品化、特色化和差异化，合理规避郑州大都市区的"虹吸效应"，将核心置于功能一体化。

洛阳、襄阳都市圈加速崛起，南阳如何突围

一、硝烟渐起

曾经，众多省份将"强省会"战略作为全省战略重心，"强省会"一枝独秀。如今，"多中心"号角已然吹响，多省进行战略转向，特别是中西部省份开始"调头"。纵观全国，众多省份明确提出培育省域副中心城市，副中心城市如雨后春笋般涌现。

从空间分布来看，副中心城市主要位于胡焕庸线东南部。东部沿海发达省份已基本形成"双中心"格局，多数省份的省会城市甚至不是第一经济大市，如山东、江苏、福建、广东等；中西部省份除湖北较早将宜昌、襄阳定位为省域副中心城市外，其余省份均于近年提出培育副中心城市，其中既有培育单个副中心城市的省份（如安徽、江西等），也有培育多个副中心城市的省份（如河南、湖南、山西、广西等）。

二、群雄逐鹿

千年前，洛阳、南阳、襄阳是汉末纷争中枢、"隆中对三分天下"策源地，而今，南襄两地因古隆中归属争论不休。千年后的洛阳、南阳、襄阳依然犹如当年魏蜀吴，同处呼南高铁走廊，均为中西部非省会城市翘楚，争夺豫陕鄂区域性中心城市之称。

尤其是洛阳、襄阳两市，位居中西部非省会城市榜首，而今更有国家建设省域副中心城市政策加持，含金量更高，而南阳相对稍逊风骚，三地发展对于中西部地区城市发展具有很强的借鉴意义。

1. 洛阳：大基建＋大区划＋大国企＋大文旅

洛阳常年位居中西部非省会第一城，目前已成为河南名副其实的副中心城市。回顾近四十年发展的风风雨雨，洛阳城市建设突飞猛进，从洛南新区到伊滨新区，城市基建日新月异，文化旅游深度融合。同时，洛阳还是中西部非省会首个建设地铁的城市。

（1）**规划引领，推动洛阳都市圈建设**。高水平编制《洛阳都市圈发展规划（2020—2035年）》，增强洛阳中心城区极核地位，形成辐射豫西北、联动晋东南、支撑中原城市群高质量发展的新增长极，强化与郑州都市圈、西安都市圈、晋陕豫黄河金三角区域对接联动，共建郑洛西高质量发展合作带。

（2）**省市合力，加速副中心城市建设**。河南召开省级高规格推进会，加快下放240余项省级权限，省政府在洛阳设立100亿元的制造业高质量发展基金，政策红利叠加释放。洛阳领导小组全面统筹，11个工作专班扎实推进，谋划实施1526个重点项目，推动副中心城市建设提速提质，推动伊滨新区规划建设，开工大项目，发力中轴线。

（3）**错位发展，郑洛合唱"双城记"**。洛阳与郑州的全面对接，互补合作，错位发展，主动承担智能制造、文化旅游、金融服务、科技教育、研发创新等功能，与郑州合力形成省域经济发展的"双引擎"，共同构建引领全省高质量发展的核心引擎。

（4）**区划调整，提升城市规模能级**。洛阳积极推动行政区划调整，撤销县级偃师市，设立洛阳市偃师区；撤销孟津县、洛阳市吉利区，设立洛阳市孟津区。行政区划调整后，洛阳的面积和人口规模都迎来大幅提升，副中心城市能级得到强力提升，洛阳市区面积扩张了1.8倍，从803平方千米拓展至2229平方千米，洛阳城区常住人口从238.8万人突破300万人的门槛。

（5）**产业创新，建设国家创新型城市**。洛阳建设先进制造业产业共性关键技术创新与转化平台，打造具有国际竞争力的中原产业创新中心，建设国家农机装备创新中心、国家技术标准创新基地；持续加快产业转型升级，推动制造业"强筋壮骨"、挺起"脊梁"，构筑全国先进制造业基地。洛阳谋划建设洛阳大学城，围绕装备制造、新材料、机器人及智能制造等战略性新兴产业，吸引国内外优质高等教育资源、科研机构等入驻，积极与哈尔滨工业大学、浙江大学、吉林大学、俄罗斯乌拉尔联邦大学、俄罗斯莫斯科动力大学等国内外知名高校对接。

（6）**文旅融合，描绘"诗和远方"新画卷**。厚重的历史文化是洛阳最有价值、最具潜力的优势资源，也是最值得向世人展示的宝贵财富。从2020年中央广播电视总台中秋晚会主会场落户洛阳，到河南元宵晚会《唐宫夜宴》、清明晚会《纸扇书生》、端午晚会《洛神水赋》、七夕晚会《龙门金刚》火爆全网，再到电视剧《风起洛阳》热映，河洛文化频频"出圈"。洛阳一直注重发掘厚重的历史文化资源，通过文化输出打造洛阳城市"IP"，塑造洛阳特色文化品牌，擦亮了"古今辉映、诗和远方"的城市名片。

2. 襄阳：大央企＋大枢纽＋大开发＋大创新

襄阳作为湖北首批的副中心城市，发展迅速，位居中西部非省会城市第二名，得益于主政领导的创新思维，积极争取各类高端资源的集聚，借"东风"起步乘风破浪，着力发展汽车产业，打造汽车产业集群，形成"十字高铁枢纽"。

（1）**解放思想，抢占战略先机**。襄阳围绕副中心城市建设，突破"内陆思维"束缚，打破固化思维，定期组织干部、企业家代表到沿海发达省市学习考察，让大家直观感受襄阳的差距与不足，变压力为动力，大胆突破，对标先进，更新发展观念和管理方式，提升服务水平、优化营商环境，为襄阳发展赢得战略先机。以高铁建设为例，襄阳始终积极争取高铁资源，先是积极推动武西高铁的建设，后来争取呼南高铁和宁西高铁（合襄高铁）

经过襄阳。

（2）**站位全局，高起点规划谋划**。襄阳主动融入长江经济带等国家重大战略规划，围绕建设省域副中心城市建设目标，高起点规划，开展《都市襄阳战略规划研究》《襄阳空间发展战略规划》《东津新区概念性规划》等系列规划，以国际化视野、全球化眼光，着力打造长江经济带重要绿色增长极、鄂豫陕渝区域性中心城市、汉江流域中心城市和省域副中心城市。

（3）**产业聚焦，打造"汽车之都"**。20 世纪 80 年代初，襄阳以二汽（东风汽车）开辟第二基地为契机，大力发展汽车产业。襄阳的汽车产业从无到有、从弱到强、从低端到高端、从零部件到整车、从传统动力汽车到新能源汽车、从单一的汽车制造业向汽车产业化迈进，创造了一个个"奇迹"，成为全市经济发展的强力引擎。目前，襄阳已建成东风汽车公司轻型商用车、中高档乘用车、新能源汽车及关键零部件总成生产基地和众泰汽车生产基地，形成了集制造、物流、试验、检测于一体的完整汽车产业链。

（4）**推动新区建设，提升城市能级**。近年来，襄阳着力拓展城市发展空间，推动东津新区、庞公新区、襄州新城等建设，逐步拉大城市框架，着力提升产业能级、交通能级、服务能级，增强中心城区对产业、人口和资金的吸纳能力，提升城市规模能级和承载能力，强化襄阳的副中心城市地位。

（5）**交通枢纽确立，助力经济腾飞**。襄阳早已确立了"十字高铁枢纽"规划。郑渝高铁（郑襄段）、武西高铁（武十段）早已开通，成为联系成渝、长三角的重要廊道。襄阳高铁枢纽地位的确立，进一步加强了襄阳与京津冀及长三角、珠三角经济区之间的联系，与此同时，襄阳加快推进汉江航运中心、机场改扩建等重大工程建设，全国性综合交通枢纽地位更加稳固，积极构建现代化综合交通物流体系，加快建成生产服务型国家物流枢纽承载城市。

（6）**强化招商推介，争取龙头企业**。襄阳始终将招商引资和龙头企业的引进作为工作抓手，高度重视与央企的合作，曾多次进京对接央企项目合作,为做大"央企板块",成立央企合作办和央企对接工作专班,全面收集、掌握央企的发展规划、投资布局和重点,有的放矢地向央企推介合作项目。目前在襄阳的中央企业已有 65 家,具代表性的有中国航天科技集团公司四院 42 所、东风汽车股份有限公司、风神襄阳汽车有限公司等。

南阳作为省域副中心城市序列新晋选手,面临千载难逢重大机遇,在中西部非省会城市中位列第六名。北有洛阳,南有襄阳,放眼周边,众强环伺,前有标兵、后有追兵,南阳如何突围?

三、三"阳"鼎立

1. 各有千秋

洛阳:地处陇海交通经济廊道,区位交通便捷,科教创新资源丰富,工业基础雄厚,开发区蓬勃发展,新区发展迅速;作为中国 8 大古都之一,文旅产业异军突起,城市品牌声名鹊起。

襄阳:虽偏离国家主要经济廊道,但积极争取高铁、央企的布局,推动郑渝高铁、武西高铁建设开通;引进央企入驻;使汽车产业成为主导产业,打造中国"汽车之都";新城新区建设风生水起,城市框架拉大,副中心城市实至名归。

南阳:已经受到国家和省市层面的高度重视,作为南水北调中线渠首所在地,生态资源优越,且人才资源丰富、民营经济活跃,伴随高铁建设通车,枢纽地位逐步确立。

2. 竞合博弈

对比洛襄宛综合发展条件,能发现三市发展路径各不相同,各有各的优势和劣势(见表 4-2)。洛阳、襄阳两市是各自省内最早提出打造副中心城市的,具有先发优势。洛阳和襄阳位列中西部非省会城市排名前两名,近年来城市建设和总体发展可圈可点。

表4-2 洛襄宛优劣势分析一览

名称	优势	劣势
洛阳	① 处于陇海交通廊道，区位条件优越； ② 矿产资源丰富，产业基础雄厚，国企众多； ③ 科研院所科技人才众多，创新研发实力较强； ④ 历史底蕴深厚，文化品牌突出	① 距离郑州较近，辐射带动作用受限； ② 遗址保护与经济发展矛盾突出； ③ 国企改制道阻且长
襄阳	① "十字高铁枢纽"骨架成形，交通枢纽地位确立； ② 依托新区建设，城市发展空间较大； ③ 央企众多，汽车产业基础雄厚，物色鲜明； ④ 科研院所较多，科研实力较强	① 下辖县市较少，腹地相对较小； ② 市域人口较少，常住人口不增反降，发展后劲相对不足； ③ 武汉虹吸效应明显
南阳	① 市域面积大，县域众多，腹地广阔； ② 人口大市，人力资源丰富； ③ 南水北调中线渠首，生态资源突出； ④ 历史文化厚重，各界名人众多	① "大市小城"，中心城区集聚程度低，辐射带动能力弱； ② 城市品牌不强，人口回流缓慢； ③ "盆地思维"落后，营商环境不佳

（1）**南阳 VS 洛阳**。南阳偏居豫西南，与省会郑州相距较远，有利于形成广阔的腹地，同时地处盆地，城区周边相对平坦，有利于向外扩张；而洛阳离郑州较近，两地的辐射范围有重合部分，不利于洛阳发挥辐射带动作用，同时，洛阳城区周边受文物保护影响较大，发展空间受限。

（2）**南阳 VS 襄阳**。南阳、襄阳两地同处南阳盆地，资源禀赋接近，南阳地域面积和人口规模较大，腹地较广；而襄阳所处的湖北省总人口相对较少，且面临与武汉、宜昌竞争。襄阳下辖县市较少，因此腹地相对较小，同时，与襄阳相比，南阳民营经济发展活跃。

四、突围之道

如图4-3所示，回顾南阳四十年发展历程可以发现，南阳相对于洛阳、襄阳较为年轻，1994年才设市，并被定位为区域性中心城市，南阳近年来的发展主要得益于资源、人口优势、民营经济、开发区保税区建设以及高铁带动，其发展动力可以总结为："民营经济＋资源驱动＋人口红利＋高铁带动"。诚然，与洛阳、襄阳相比，南阳在诸多方面存在明显差距。

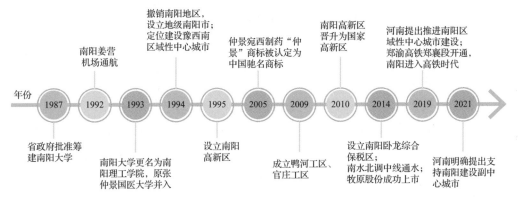

图4-3　南阳发展历程

但如果将视角进一步拉大，以千年尺度回看南阳的发展历程，可谓波澜壮阔、浮浮沉沉，从曾经的帝乡到默默无闻，从偏安一隅到区域中心再到省域副中心，很明显，历经几度潮起潮落，南阳终于进入千载一遇的战略机遇期。同时，也需要看到，洛阳、襄阳同样步入城运上升期。而今的洛阳、襄阳占尽天时地利，南阳虽稍逊风骚，但尽得人和，不可妄自菲薄，更不可顾影自怜，而应坚持道路自信，积极探索适合自身发展的特色化路径。

南阳真正的问题是产业不强、收入不高、城市能级不足、城镇化质量不高和房价虚高、存量大、开发成本高、人口流失多、生态约束强所构成的对比鲜明、矛盾突出的南阳式"中等收入陷阱"等困局。

南阳存在问题的根源不在于总量和规模差距，而在于战略能级和区域性功能的缺失；南阳发展的关键在于放大长板而非弥补短板，破题的关键在于找准国家战略图谱中的坐标、区域功能中的定位。具体来说就是做好"水"和"人"两篇文章，打好以下"四张牌"。

1. 打好"生态牌"

洛阳、襄阳作为华夏文明传承创新中心、高端装备制造基地，承载骨干型交通枢纽等国家及区域层面重要功能，相比而言，南阳都基本缺失，但南阳最大的长板就是南水北调渠首优势，应充分发挥南水北调渠首王牌优势，抢占战略制高点。

南水北调中线工程渠首——丹江口水库，是亚洲第一大人工淡水湖，号称"中国水都、亚洲天池"，可以称为世界顶尖资源，具有唯一性。南阳可以借鉴环阿尔卑斯山区域、环日内瓦湖等发展经验，结合南水北调工程的战略意义和政治意义，围绕丹江口水库，打好生态牌，实施"丹江口品牌"战略，树立"双碳"发展标杆，充分做好"水"文章，尤其应做好南水北调中线工程和伏牛山—桐柏山"大山水"、白河和独山"小山水"两个山水之城，打破零和博弈，与襄阳共同探索创建国家生态文明创新发展示范区、省际边缘区协同发展示范区、碳汇交易示范区，并争取成为核心区和高层级常设机构驻地。

同时，南阳应培育、吸引和集聚一批叫响全国的绿色生态品牌，聚焦优质品牌项目，申报国际生态文明论坛，并争取成为永久会址，同时聚焦国际论坛、休闲度假、生态康养、中医养生、中药研发、种质资源研发、会议会展等产业业态，构建环丹江产业生态圈，建设"世界级生态康养旅居目的地"。

2. 打好"服务牌"

南阳真正的短板不在于经济总量、城市规模及交通枢纽等数量、战术层面的差距，而在于战略能级和区域性功能的缺失。产业集群的培育和发展，并非一朝一夕之功；创新资源和能力的引进与提升，更是各级中心城市的争抢对象，想分得一杯羹何其难；国家交通枢纽的愿景，在高铁网、航空网日益普及化的当下，对于偏安一隅的南阳来说，更是奢望，不要说洛阳、襄阳，实则与名义上划归南阳都市圈势力范围的驻马店、信阳相比，交通优势也难分伯仲。

实际上，相比基础能力提升，公共服务资源对于城市能级提升，无论是时效性抑或战略能级，很多时候具有"四两拨千斤"之效。特别是针对当前及未来的南阳来说，其在公共服务方面的短板更为明显，由于整体服务资源的匮乏，导致城市吸引力不强，人口吸聚能力较弱，外流明显。

未来，南阳应充分借势京津对口帮扶，率先抢占战略先机，抓紧弥补区域公共服务功能缺失，引导优质服务资源前来布局，同时可以借助省会郑州的优势服务资源，重点引导高等院校、科研院所、优质中小学、职教学校、三甲医院、养老养生机构等，尤其是优质中小学和职业技能教育、医疗、养老康养资源，在南阳设立分支机构和合作共建，打造豫陕鄂省际区域性优质教育中心、高水平医疗服务中心、高品质康养中心。

南阳应通过高层次、高水平公共服务资源供给，增强区域集聚辐射能级，快速吸纳人口集聚和回流，进而以人口优势、市场优势及资源优势，助力招商引资、产业发展、城市新区建设、加速去库存，提升城市能级和服务水平，进而增强城市的辐射和吸引力，主动承担起豫鄂陕区域性服务功能，助力省域副中心城市和豫陕鄂区域性中心城市建设。

3. 打好"人才牌"

南阳人杰地灵，古有"南阳五圣"名冠华夏，如今南阳籍政界、商界、学界人才辈出，是南阳的潜在优势资源。南阳应借鉴浙江"三个浙江人、三个温州人"的人才利用经验，打好"三个南阳人"这张王牌，用好国内外、省内外、市内外南阳籍政界、商界、学界优秀人才资源，鼓励人才回归，进而带动项目回归，树立平台思维，搭建人才交流平台、企业孵化平台、创新服务平台，招商引资、招商引智，以人才回归、科技回流、总部回迁、项目回移等方式在南阳投资兴业，采取"飞地经济""反向飞地"等创新模式，优化完善招商、合作机制，吸引优质人才、产业、项目、科研等创新要素资源集聚南阳。同时，通过技能培训、能力提升、价值赋能，使村民变乡贤、创业者变企业家，变人口"流出"为"流入"，变人口优势为人才资本，打造"科产城人"融合发展的典范。

4. 打好"康养牌"

"仲景＋中医药"可以说是南阳的另一张具有唯一性的国际名片，南阳应叫响仲景品牌，与中国中医科学院大学、北京中医药大学等开展科研教育合作，积极恢复重建张仲景国医大学，并谋划仲景中医药实验室，建设中医药教育、文化、医疗高地；将中医药与医疗、健康、养生、养老等结合起来，培育具有南阳地域特色的中医康养基地和龙头企业，争创国际中医药论坛永久会址，举办国际康养论坛和中医药文化大会，形成"大中医健康生态圈"，打造"国际中医康养之都"。

曾经，南阳的发展动力主要为"民营经济、资源驱动、人口红利、高铁带动"，未来，南阳的核心动力可以总结为"战略引领 + 生态创新 + 服务驱动 + 人才赋能"。新思路力促新作为，新精神实现新担当。假以时日，南阳必将成为后起之秀，为中国中西部欠发达地区城市高质量发展和副中心城市建设提供"南阳样板"。

河南184个开发区崛起之路

开发区是河南常年稳居全国经济第一阵营的重要根基，从某种程度上说，读懂河南开发区发展之路，便解开了河南发展密码。

一、前世今生

当前河南共有 184 个开发区，其中 150 个开发区纳入国家开发区目录，总量位列全国第三名，仅次于山东、江苏。开发区已成为河南产业最集中、经济最活跃的功能载体和推动工业化、城镇化的重要平台。如果说之前的河南产业集聚区"一次创业"是总量扩张、产业集聚、企业集中；那么当前开发区"二次创业"则是注重效率提升、产业升级、管理运营创新。

1. 1.0 时代：探索阶段（2008 年之前）

从 20 世纪 80 年代到 2008 年为河南开发区的 1.0 时代。在此阶段，河南县市产业布局相对分散，有各类园区 312 个，空间布局缺乏统一规划引导，产业发展主要依托各地资源禀赋和劳动力。

2. 2.0 时代：成长阶段（2008—2014 年）

2008 年之后，河南谋划建设产业集聚区，进入 2.0 时代。园区发展得益于招商引资政策扶持，通过统一规划引导产业企业进驻产业园，并统一管理，该时期的产业在空间形态上出现了相对集中布局的态势，开发区实现了从无到有、从小变大。

3. 3.0时代：转型阶段（2015—2019年）

2015年之后，河南针对开发区的转型创新发展，采取了"二次创业""百园增效"等一系列具体举措，从集中向集群发展，培育了一批特色优势产业集群，以创新为引领，积极推动产业园区高质量发展。这一时期依托开发区，河南培育出了洛阳智能装备、漯河食品、商丘纺织服装等19个千亿元级产业集群、127个百亿元级特色产业集群，形成了一批特色鲜明、竞争力强的区域品牌。

4. 4.0时代：高质量发展阶段（2020年至今）

从2020年河南县域经济高质量发展会议上提出全面推进产业集聚区"二次创业"，到2021年6月省级首次强调推进开发区的"二次创业"，再到2021年9月3日召开扩大会议，提出必须在中心城市"起高峰"、创新开放"建高地"、县域经济"成高原"，完善开发区体系和标准，深化开发区体制机制改革，开发区龙头企业快速崛起，2020年名列河南民企100强的就有44家位于开发区，成为带动县域经济发展的主要动力之一。2021年9月14日，河南召开全省开发区高质量发展工作会议，对开发区高质量发展做出具体安排，推动开发区发展活力迸发、提质增效。部分开发区在建设运营上已经积累了不错的经验。

二、危机并存

1. 多而不强

群星闪耀、独缺明月，河南缺乏顶尖、标杆型开发区。2021年高质量发展百强园区榜单中，河南仅有3家入围，实力最强的郑州高新区仅列第25位。中心城市"起高峰"需要依托国家级开发区，从河南龙头型开发区在全国的竞争力来看还处于弱势，从河南开发区星级来看，位于顶端的六星、五星、四星级园区各有一家，众多园区星级不高。

2. 理念滞后

规划发展理念滞后，开发区建设依然沿用传统工业化思维，"宽马路""大厂房"。除郑州经开区、郑州高新区、洛阳高新区等国家级园区功能相对复合外，其他位于县（市）的开发区普遍存在"产城分离""潮汐式交通"等问题；单纯注重工业生产，忽视生活消费、休闲娱乐等配套服务，出现"生活空间落后于生产空间"现象，整体生态生活环境品质不高；建设用地方面存在"土地厂房闲置""粗放利用""僵尸企业"等严峻问题。

3. 权限不清

全省各级政府下放给开发区管委会的管理权限不充分，管委会与政府相关部门权责界定不清晰。重管理：全省开发区运营绝大多数由地方政府主导——达98%以上，管理模式单一，无法实现市场发展需求。轻运营：国内各类市场化运营模式众多，但河南开发区的市场化运营相对缺失，无法有效发挥市场在资源配置中的决定性作用。

4. 聚而不群

开发区内多数企业相互独立，缺乏产业关联，出现"小集中、大分散、聚而不群"的格局，无法集中优势精力打造"重量级"特色产业集群。

开发区产业不聚集，主导产业数量较多、特色不明，且产品门类不够细化，无法差异化错位发展；近年来在开发区转型升级的过程中，产业园区又纷纷瞄准电子信息、光伏、装备制造、生物医药等新兴产业，盲目跟风，新兴产业同质同构明显。

5. 龙头不强

从收集梳理的各开发区企业来看，梯度结构不完善，大中小企业协同发展水平不够，龙头企业在全国层面的竞争力不强，中国500强企业和上市企业匮乏。2021年中国民企500强榜单中，河南仅有12家企业入围，进入中国民企前100名的仅洛阳栾川钼业集团一家，排第63名。

龙头企业主要集中于能源、资源、食品领域，上市企业、科创型龙头企业匮乏，竞争力不强，且基本以本土化为主，国际化、品牌化、市场化程度低。开发区中小企业众多，但多数没有形成特色化产品体系，发展相对粗放，科技附加值不高。特别是针对初创型、小微企业的税收政策、融资政策等扶持政策相对不足，不利于构建完善的企业梯度培育体系和形成完善的企业生态圈。

6. 企业不优

（1）**韧性不足**。开发区产业链供应链安全稳定存在风险，企业韧性问题逐步暴露；多数企业无法适应剧烈的外部环境变化，无法应对新的发展格局和新的生产、生活和消费方式，甚至有众多企业由于韧性不足，在大变局中走向失败。

（2）**根植性弱**。河南开发区内众多企业在入驻之初多是考虑开发区给出的土地成本、人力成本、税收等优惠政策。但随着各类要素成本的提高，加上企业上下游关联度不强，存在根植性弱的问题，实地调研发现有部分企业流向成本更低、政策更优惠的地区。

（3）**行业协会、服务平台缺失**。在发展过程中由于缺乏以企业为主导的行业协会和科技研发平台，导致企业之间存在自发发展、凝聚力不强甚至恶性竞争的情况，无法形成合力共同构建强竞争力的优势产业集群，同时由于研发平台、金融平台、公共服务平台的缺失，导致企业创新能力不足。

（4）**企业管理问题逐步凸显**。开发区企业管理问题面临挑战，企业经营者居多，企业家数量较少，尤其是具有国际和全国影响力的企业家更少，全国工商联发布的《改革开放 40 年百名杰出民营企业家》中，河南仅有 4 名企业家入围，远低于广东、浙江（均有 9 名入围）等省份。

河南众多民营企业的家族式管理弊端逐步凸显，超七成企业创始人年过五旬，缺乏优秀的企业家队伍，缺乏核心管理人才和高技术产业工人；决策者不能主动适应市场变化的需要，造成企业决策失误，同时对人才资源的认识度不够，缺乏人才培训计划。

7. 招商不精

部分开发区在企业招商中由于缺乏精准的招商图谱，单纯追求产业规模、GDP和税收总量，存在"捡到篮子里就是菜"的问题，过分追求企业数量而忽视发展质量。

三、崛起之路

进入新发展阶段，构建新发展格局，河南要求各开发区把握新发展理念，加快推进质量变革、效率变革、动力变革，形成新的集聚效应和增长动能。

1. 高标准谋划、高起点定位

结合河南提出的"中心城市起高峰、县域经济成高原"，开发区发展要在融入新发展格局中找准定位、彰显特色，创建一批创新型特色开发区，形成一批中国标准和国际标准，推出一批高端产品，培育一批具有国际竞争力的创新型企业和世界级产业集群。中心城市如何"起高峰"？县域经济如何"成高原"？开发区未来需要承担起应有的责任，中心城市"起高峰"需要依托中心城市范围内龙头开发区的高质量发展，而县域经济"成高原"则需重点将各县区开发区作为重要功能载体。

2. 构建完善的开发区体系（见表4-3）

表4-3　开发区"金字塔"形体系

"金字塔"形体系	园区类别	特色发展	行动指引
"塔尖"	国家级开发区	占据科技研发、高端制造等产业链价值链高端环节	把郑州经开区、郑州高新区、航空港等龙头开发区建成国内一流标杆性园区，冲入百强园区第一阵营
"塔身"	省级开发区	突出县域经济特色，培育具有地域特征的优势产业集群	一县培育一个省级开发区，对于园区较为分散的，可采取"一区多园"或"区中园"模式，形式进行整合重组
"塔基"	中小特色（专业）园区	突出"小而精、小而美"，争做各自细分领域"单项冠军"	积极培育特色化产业集群，塑造特色品牌和"精品园区"

国家级开发区：加强创新和转型升级，不断提升中心城市开发区的区域竞争力，特别是要把郑州经开区、郑州高新区、航空港等龙头开发区建成国内一流标杆性园区，冲入百强园区第一阵营，成为河南核心动力引擎。

省级开发区：县域综合条件千差万别，经济发展水平参差不齐，把"一县一省级开发区"作为重要载体，就要系统谋划、科学统筹，抓住重点、扭住关键，因地制宜、分类施策。

中小特色（专业）园区：对于其他众多中小产业园区则应精准定位，积极培育特色化产业集群，争做各自细分领域"单项冠军"。

3. 放权赋能、机制创新，强化市场运营

主管部门向开发区下放管理权限，赋予国家级、省级开发区省辖市级经济管理权限，按照省级经济开发区享受同级政府管理权限的标准，赋予开发区相应的经济管理、社会管理、行政管理权限，代表同级政府在区内行使经济和行政管理职能。以信阳为例，市政府向潢川经济开发区一次赋予55项行政权力，极大地丰富了审批权限，可以最大限度地实现"办事不出区"。同时，明确开发区权责边界，厘清开发区经济管理和社会管理职能，回归开发区经济属性。

开发区应建设"专业化市场化国际化"管理团队，建立高效的开发区管委会机构，内部实行扁平化管理，积极培育河南本土产业园区运营商，分类实行纯公司化、"管委会（工委）+公司"等体制改革路径；创新人才激励机制、机构编制和人事管理方法，利用职级与薪资待遇吸引开发区建设急需的人才，灵活用人机制，采取激励政策，对于新招聘人员，可实行聘任制，并定期考核。

4. 多元融合，培育"科产城人"融合的产业新城

转变思维：改变以往以产业为中心的发展思路，改变工业制造单一发展模式，形成功能复合的新发展模式。功能转型：借鉴苏州工业园区等开发经验，合理安排科研、商业、教育、医疗等服务配套，加速开发区从生

产型园区向"生产＋科创＋生活＋服务"综合城市功能区转型，以高品质生活、高水平服务吸引高水平人才。对于位于郑州都市圈及周边、条件优越的开发区，可以高起点谋划"综合产业新城"，统筹城市功能和产业功能。

5. 梯度培育，构建"企业生态圈"

企业发展应借鉴苏州工业园区、昆山等发达地区发展经验，加快构建以"龙头企业、独角兽企业、瞪羚企业、雏鹰企业"为重点的企业梯度培育体系；做强龙头，做优特色企业，形成大企业带动中小企业发展、中小企业为大企业注入活力的协同发展企业生态圈。

6. 平台思维，打造多元功能平台

主管部门应积极搭建平台等，助力企业高质量发展：鼓励企业之间建立联系紧密的行业协会、商会，深入基层，扎根行业，服务企业，倾听企业的合理诉求，发挥桥梁和纽带作用，通过举办行业年会、国际论坛、特色展会等，促进行业产学研交流学习，为民营企业沟通互动、创新升级、高质量发展提供有力支撑；做强产业基金平台、投融资平台：推动产业与金融融合发展，促进重大企业落地，搭建融资平台，帮助企业增强抗风险能力和韧性，建立企业融资需求清单制度，强化协调帮扶力度；高级管理人才＋职业技术人才培养：借鉴德国"双元制"职业教育模式，树立匠人精神，鼓励上市企业、龙头企业开展职业教育，培育优秀管理人才和技术工人。

7. 创新招商，产投引领，瞄准"专精特新"

从"捡到篮子里就是菜"到"提着篮子选菜"，主管部门应突出"项目为王"，把项目建设作为产业发展的"生命线"，按照"提着篮子选菜"的思路制定产业招商地图，实施精准招商。从投资、产值、利税等方面，主管部门明确标注项目入区考核"及格线"，过线的项目可以拿到入区"准考证"，把谋链、扩链、补链、强链与招大引强结合起来，实行公司化招商、产业链招商、产业基金招商，瞄准"专精新特"，高质量推进招商引资，把项目建设作为开发区发展的主抓手。

　　创新招商模式：鼓励开展园区共建招商，促使有条件的开发区与国内外先进地区和龙头企业合作，采用"飞地经济""反向飞地"等模式共建产业园区，典型案例如江阴—靖江工业园、衢州绿海飞地（深圳）产业园、深汕合作区、广清特别合作区、苏通科技产业园、苏滁现代产业园等。

河南12个县域经济样板图鉴

曾经，河南在发展县域经济过程中，向巩义、新乡、沁阳、济源、灵宝、新密、偃师、林州、新郑、辉县、汝州、孟州、长葛、禹州、项城、镇平、荥阳、登封18个县域下放经济管理权限，出现了"群雄逐鹿"的盛景。

如今，河南县域经济异军突起，或特色纷呈，或独树一帜，诞生了一批县域经济发展新模式、新路径。其中，以新郑、中牟、新密、兰考、长垣、长葛、栾川、修武、鄢陵等12个县域最为典型，堪称河南县域发展"十二乐章"。河南县域经济发展的模式更加创新、特色更加鲜明、示范意义更加凸显，堪称河南县域经济高质量发展的标杆和样板。

一、蝶变

县域经济是河南建设经济强省的"基石"，河南经济总量从改革开放初期的全国第九位跃升到第五位，同时，县域经济持续发展并在全国排名逐步提升，主要得益于近几十年来河南一直重视县域经济发展。自1984年首提"县域经济"发展，1992年18个县市扩权试点，2004年首次将县域经济提升至战略层面，到2016年提出"百城提质"，可以说河南几乎每个十年都会加强一轮县域经济发展，正是省委省政府对县域经济的高度重视，使河南县域经济迅猛发展、城镇化水平稳步提升。

1. 起步阶段（改革开放初至20世纪90年代）

从改革开放初到20世纪90年代，是河南县域经济发展的起步阶段。20世纪80年代，河南提出开发"地下地上"两类资源（矿藏、农业），在这个阶段，河南县域经济的发展主要依托资源，那些资源条件优越的县市率先发展了起来。

2. 加速发展阶段（1992—2003年）

从1992年到2003年，河南县域经济处于加速发展阶段。1992年河南确定了18个改革、开放、发展特别试点县市，出台了扩大县级审批权等一系列政策措施，由此，县域经济快速支撑起河南经济发展。

3. 全面推进阶段（2004—2015年）

从进入21世纪之后到党的十八大之前，这十余年可以说是河南县域经济的全面推进阶段。2004年，河南召开了首届县域经济工作会议，颁布了《中共河南省委河南省人民政府关于发展壮大县域经济的若干意见》（豫发〔2004〕7号），进行扩权县改革，赋予巩义、项城、永城、固始、邓州5个县（市）省辖市级经济管理权限和部分社会管理权限；2006年、2008年，河南省委省政府分别召开第二次、第三次县域经济工作会议，2006年，颁布了《省委办公厅省政府办公厅关于发展壮大县域经济的补充意见》（豫办〔2006〕19号），扩大了巩义、永城等的社会管理权限；2011年启动的省直管县体制改革试点，先后赋予省直管县（市）600多项省辖市级经济社会管理权限，河南县域经济全面推进，全省涌现出一批经济强县。

4. 高质量发展阶段（2016年至今）

2016年，河南省审时度势，启动了百城建设提质工程。2020年，河南省县域经济高质量发展工作会议召开，提出积极推进县域经济高质量发展，坚定不移贯彻新发展理念，持续践行县域治理"三起来"，以强县富民为主线，以改革发展为动力，以城乡贯通为途径，在区域经济布局中找准定位、发挥优势，加快形成特色突出、竞相发展的新格局。2021年3月，河南印发《河南省深入实施百城建设提质工程推动城市高质量发展三年行动计划》，围绕建设宜居城市，补齐城市建设短板，围绕建设生态城市，推进蓝绿空间修复提升，围绕建设精致城市，推进城市管理科学化、智能化、精细化。

二、整体特征

1. 县域经济整体水平不强

从全国层面来看，河南虽位居全国经济总量第五名，但县域经济在全国的竞争力不强。2020年中国县域经济百强县中，在河南最靠前的是新郑，但在全国位列第40名，其他入围百强县的巩义、新密、永城、荥阳、济源、汝州五个县市都位居全国50名之后，整体来看，河南经济强县的竞争力相对较弱。

2. 省域层面县域经济空间布局分异明显

河南县域经济空间布局分异明显，以河南版"胡焕庸线"为分界，西北部县域经济发展良好，而东南部县域经济发展滞后。西北侧县域以能源资源型、重工业为主，东南侧县域以农产品加工、轻工业为主。

3. 从低水平均衡到高效率集中

随着工业化和城镇化进程推进，河南县域经济总体呈现由过往分散的低水平均衡阶段逐步向中心城镇和园区集中的高水平集聚阶段，甚至向极化阶段过渡。具体表现在：人口逐步向城镇，尤其是区域性中心城市集中；乡村数量逐步减少；城市建设用地急剧增加，乡村建设用地逐步减少；产业由分散逐步向各类产业园区集聚等，尤其最近十多年来全省层面的产业集聚区、特色商业区等系列政策举措的发布，加速了此进程。产业集聚区作为全省县域经济的重要载体，经过十余年的建设，从无到有、从小到大，规模总量持续增长，已成为推动全省县域经济发展的主要动力和全省转型发展引领区。

4. 百强县由要素驱动向创新驱动转换

从 2020 年全国百强县在河南省内的分布情况来看，新郑、巩义、新密、永城、荥阳、济源、汝州七个县市入围全国百强县，其中四个为郑州下辖县级市。纵观近年中国县域经济百强县榜单，新郑、巩义、新密、荥阳年年榜上有名，且排名逐年上升。从各县经济发展和产业结构来看，总体进入工业化后期阶段，逐步实现由要素驱动向创新驱动转换，经济结构由中低端向中高端转换，进而实现经济发展方式的转变。

5. 强县圈层化、弱县边缘化

河南县域经济发展质量前 6 名均为"郑家军"，分别是新郑、荥阳、中牟、新密、巩义、登封。郑州大都市区的辐射引领、功能产业外溢和潜在的都市消费需求成为激发周边县域经济活力的基础，县域经济强县的分布逐步由分散走向集中，总体呈现环郑州区域圈层化、板块化集中布局态势，向郑州大都市区范围内集中的态势更为明显。而豫西南的传统农业县逐步下滑，走向边缘化，传统的以农业、能源矿产资源为基础的县市如果不跳出资源依赖的路径，探寻新的替代产业，则将在新的竞争格局中处于劣势。

6. 县域经济特色化发展明显

近年来，河南持续推进县域经济高质量发展，涌现出一批特色鲜明的县域经济高质量发展标杆县，如长垣、长葛、栾川、修武、鄢陵、临颍、睢县、民权、新安等。栾川大力发展"沟域经济"，推动从"点状景区"向"全景栾川"的升级；临颍立足高效种养业，打造出从田间地头到厨房餐桌的全产业链；中牟借势郑州中心城区，形成了以汽车、文化创意旅游、都市生态农业为主导的产业体系；民权叫响"中国冷谷"；睢县打造"中原鞋都"；确山发展提琴产业等。从县域经济发展动力来看，可以划分为都市驱动型、民营经济驱动型、工业驱动型、农业产业化驱动型、重大项目驱动型、生态驱动型、资源驱动型等。

三、12个县域经济样板

1. 新郑——"都市＋临空"双轮驱动型

新郑作为河南县域经济发展的"领头雁"，目前处于绝对优势地位，无论经济总量还是经济发展质量稳居县域经济榜首。新郑的总体战略定位为郑州国家中心城市的配套区与拓展区，郑州航空港经济综合实验区的功能配套区，郑州——许昌城镇发展轴上的南向桥头堡。从其功能定位来看，新郑是郑州和航空港的重要功能承载区，同时是郑许融合发展的前沿阵地。

近年来，新郑重点实施"融入大郑州、融入航空港"的战略，主要是受郑州主城区、新郑国际机场以及港区的带动，新郑开放发展力度逐步增强，营商环境不断改善，工业保持较快发展状态，为经济发展注入强大活力。同时，机场与新郑旅游文化结合，持续吸引人流，带动经济和产业的发展。

2. 中牟——都市功能外溢型

中牟在前工业化阶段，以农业生产和产品初级加工为主，属于典型的传统平原农业县；工业化初期阶段，重点承接郑州汽车工业的转移，同时为郑州城区提供农产品供应，发展汽车及零部件制造、农副产品深加工业。

进入工业化中后期，中牟伴随近郊休闲旅游发展，绿博园、方特主题乐园等带动文化旅游、休闲农业园和现代文化产业，满足郑州及周边地区的休闲旅游需求，发展以万邦国际农产品物流城为代表的农产品交易物流，满足都市生活消费需求；装备制造、电子信息等高新技术密集型产业与休闲旅游、现代物流等现代服务业同步发展，重点打造中原经济区的汽车产业集聚基地、装备制造业基地及文化创意休闲中心。

中牟作为郑州的补充和部分职能的外溢节点，同时是郑州航空港经济综合实验区的发展腹地，承接航空经济及其外围相关产业转移，为航空港经济综合实验区提供基础服务支撑。

3. 新密——都市功能承接带动型＋资源转型驱动型

新密位于河南中部的嵩山东麓，有著名的伏羲山风景区等旅游资源，近年来通过打造历史文化、时尚、美食、旅游这四张名片，从过去资源单一型的城市，向多种经济形式并行的发展模式转型，打造一个文旅结合的新型时尚城。

新密将时尚产业作为转型新亮点，通过建设"时尚小镇"、举办"时装周"等活动，向打造服装产业集群的目标迈出了坚实的一步。国内外约四十家服装相关的企业、学校，签约落户"时尚小镇"，中国（河南）国际大学生时装周暨青年时尚创意文化节在新密举办。按照郑州的产业布局，新密正在打造一个中心城市的服装产业集群。来自世界各地的嘉宾、时尚设计师、学者云集新密的时尚小镇，共同打造一个新的时尚高地。

新密充分发挥悠久的历史积淀、利用文化古迹拉动旅游经济，高水平建设银基国际度假区，并举办银基造氧音乐节，使来新密旅游的人数不断创下新高。通过文旅结合的方式，新密获得了更多的竞争力和吸引力。

4. 长葛——民营经济驱动型

虽缺少资源矿产，但长葛人敢想敢为，建成了世界最大的人造金刚石基地、闻名全国的再生有色金属加工基地；处中原腹地，长葛却培养出9000多家民营企业，其中的森源集团跻身"中国企业500强"，4家企业进入"中国民营企业500强"榜单。

经过近30年的发展，长葛逐步发展起现代装备制造、超硬材料及制品、再生金属加工、食品工业4大主导产业。民营经济对长葛的支撑作用极强，对长葛经济增长的贡献率达到81.2%，是河南拥有上市公司、"全国民营经济500强"企业最多的县级市。

长葛原有的传统加工企业的零散布局向长葛市产业集聚区、大周再生金属循环产业集聚区两大产业园区和超硬材料、建筑机械、电力装备、卫生陶瓷、蜂产品、人造板材、汽车零部件等专业园区集聚，整体产业空间布局实现了从前店后厂的"点状经济"向专业园区的"块状经济"演变。

近年来，长葛重点建设中德生态城，将其打造成中国中部的中德合作示范区、国家级循环经济示范园区。

5. 长垣——特色产业集群型

长垣作为不沿边、不靠海、地上无资源、地下无矿藏的滩区贫困县，不怨天尤人，经过四十年的栉风沐雨，一跃成为县域经济强县。长垣通过"无中生有"壮大特色产业、实现逆袭发展，创造了零资源县逆袭、实现战略突围的"长垣现象"，闯出了一条"县域经济民营化、民营经济特色化、特色经济规模化、规模经济外向化"的发展之路。

2019 年长垣撤县设市，2020 年 4 月入选全省第一批践行县域治理"三起来"示范县（市），发展创造了中国起重机械名城、中国卫生材料生产基地和中国医疗耗材之都、中国防腐蚀之都、中国厨师之乡和中华美食名城四张"产业名片"，在河南树立了"南长葛、北长垣"的县域经济发展典范。卫华集团的发展，是长垣起重装备行业兴起的一个缩影。经过 30 余年的发展，长垣起重逐步形成了布局集中、门类齐全、市场覆盖面广的发展态势，成为长垣的支柱产业。

长垣无资源路径依赖，靠民营经济起家，其县域经济的迅速崛起，在很大程度上依托于民营经济的迅速发展，县域经济实力连年攀升。在产业发展中，长垣树立创新发展、转型发展大旗，积极为企业搭建产业平台，实施产业技术创新战略联盟，搭建技术研发、市场融资、人才交流、资源整合的创新平台。北京起重运输机械设计研究院长垣分院、北京权进常光电化学科学研究院中原分院等相继落户长垣，起重装备和卫生材料两个产业先后建立龙头企业带动的创新战略联盟。

6. 鄢陵——全域文旅康养模式

鄢陵依托独特的生态优势，持续擦亮"中国花木之都"这张名片，积极融入森林河南，加快发展"生态 + 健康""生态 + 养老""生态 + 旅游"等产业，走出了一条一二三产融合的高质量发展之路。良好的生态环境是鄢陵独有的、不可复制的资源，是鄢陵最大的优势、最强的潜力、最佳的品牌。鄢陵充分发挥花木种植的传统优势和独特的气候优势，引导群众大力发展花木种植，并通过举办花木交易博览会提升鄢陵花木种植的知名度。鄢陵建成了20平方千米的鄢陵县花木科技园区，举办国家级大型花木交易，被誉为"中国花木第一县"。

花木产业的迅速发展，直接促进了鄢陵生态改善和三产发展，按照"生态健康养生基地"的发展定位和创建国家生态健康养生养老示范区的要求，持续推进"以花木改善生态、以生态承载旅游、以旅游引领康养"的"鄢陵模式"，全力打造"中原一流、全国领先、国际知名"的健康养生养老基地。鄢陵突出医疗养生、休闲养生、温泉疗养、药膳种植等功能特色，打造康养强县，与中原资产管理有限公司合作设立了鄢陵县健康养生产业发展基金，首期实现融资10亿元，扶持健康养生产业发展。中国科学养老鄢陵示范基地等一批健康养生养老项目先后落户于此，投资80多亿元，相继建成国家4A级旅游景区3家、景区景点40多个，配套建成了花都温泉、花溪温泉、金雨玫瑰、花满地等一批准五星级宾馆和农家乐饭店，形成了花卉观赏、温泉旅游、休闲度假、健康养生等主题鲜明的旅游品牌。

7. 修武——美学经济探索型

作为首批国家全域旅游示范区，修武深入践行"绿水青山就是金山银山"的理念，打破"产业升级只能靠科技驱动"的固化思维，把美学经济作为实现高质量发展的第一动力，探索将美学向党建、文旅、农业等领域延伸，以美学经济驱动产业升级，走出一条县域经济高质量发展的特色之路。修武以创建全域旅游示范区为抓手，用美学放大现有旅游、农业等资源优势，以美学项目激发城乡活力，全力构建生态美、经济美、百姓美的美美与共新格局。

修武打造山水美学、党建美学、乡村美学等8类13个美学项目集群和76个重点项目，以美学设计突破全域旅游、"四好农村路"建设、脱贫攻坚、百城建设提质工程和产业转型升级难点和瓶颈，盘活县域资源。首批36个乡村美学示范项目已陆续建成投运，云阶恒大康养小镇、云台古镇、云上院子等一批美学项目初具规模，实现了三产融合联动、城乡统筹发展的良好效果，打造全域美学发展新格局，用美学理念升级旅游业。修武是文旅农业大县，工业基础薄弱，大专院校匮乏，靠科技驱动产业升级力不从心。为此，修武因地制宜，把美学设计作为核心竞争力，放大绿水青山、历史文化、民风民俗和传统村落等资源优势，全力提升全域旅游品质。

8. 栾川——"全景栾川"文旅度假型

栾川实施"生态立县"战略，加快建立健全以产业生态化和生态产业化为主体的生态经济之路，努力实现以生态为引领的县域经济高质量发展。

栾川确立了"生态立县"发展战略，实现产业生态化发展。栾川实施产业准入负面清单制度，强化准入管理和底线约束，推动工业经济绿色化发展；树牢绿色发展理念，积极推进生态产业化，推动老君山、重渡沟、抱犊寨等工矿业向生态旅游业成功转型，发展特色旅游专业村53个，用绿水青山激活"避暑经济"；打造"栾川印象"区域农产品品牌，加大对优良中药材品种的选育和地道药材种植，逐步叫响君山制药品牌；围绕"伊水栾山养生城"目标，以5A级景区的标准打造宜居优雅、生态灵秀、特色突出的旅游县城。

全景栾川，是栾川旅游发展的新理念，即"全区域营造旅游环境，全领域融汇旅游要素，全产业强化旅游引领，全社会参与旅游发展，全民共享旅游成果"，通过旅游业的引领发展，努力打造宜游、宜居、宜业的美丽栾川、幸福栾川。栾川深入实施"旅游兴县"战略，大力实践"旅游引领，融合发展，产业集聚，全景栾川"新模式，实践"旅游景区＋风情小镇＋特色农庄"发展模式。坚持差异化发展，实现"一乡镇一品"，打造一批以休闲度假为主题的旅游度假区。

9. 兰考——政策驱动型

兰考是焦裕禄精神的发源地，红色文化资源丰富，政治资源优势明显。兰考大胆改革创新，把强县和富民统一起来，把改革和发展结合起来，把城镇和乡村贯通起来，交出了一份有示范价值的答卷。

兰考围绕强县和富民的统一，不断壮大特色产业体系，逐步完善城乡统筹、一二三产融合发展的产业格局，在增强县域竞争力的同时，带动更多群众在产业链条中增收致富，持续推动县域治理"三起来"在兰考落地开花，政府治理能力和水平逐步提升，政策敏锐度不断提高，将政治和经济"两手抓"，积极优化营商环境。近年来，兰考建设水平、文化特色、城乡风貌等都有极大提升，恒大、富士康等重大项目的入驻也成为兰考近年来快速发展的重要因素。

针对木制品产业基础，兰考确定"品牌家居"产业发展定位，引进总投资 100 亿元的恒大家居联盟产业园，打造成为中部家居产业聚集区，索菲亚、欧派、喜临门、曲美等 6 家上市企业陆续投产运营，TATA、立邦等龙头企业顺利投产；在乡镇，围绕就业，突出产业配套、链条延伸，规划提升 6 家乡镇专业园区。兰考成立兰考民族乐器研究所，建立兰考民族乐器产品品质等级体系、质量检验体系，打造核心竞争力；注重品牌建设和高质量发展，大力培育龙头企业，由政府出资引导民族乐器产业向高端化、品牌化发展。兰考引进富士康发展智能制造，提供 13000 人的稳定就业岗位，提高了全县产业工人和企业的管理水平。

10. 民权——龙头产业带动型

民权曾经是国家级贫困县，作为平原农业县，在河南县域经济实力榜单中处于劣势。近年来，民权县委县政府瞄准并聚力"冷"产业，持续发力，实现了凤凰涅槃，逐渐发展壮大。民权制冷主导产业愈发突出，集聚效应不断提升，制冷产业链条日渐完整，以制冷设备研发制造为特色的制冷产业集群优势凸显，吸引了大批国内制冷行业一线品牌扎堆聚集，迅速成为中国 5 大制冷产业基地之一，被称为"中国冷谷"。

以制冷为主导产业的民权高新区，已入驻企业 200 余家，其中制冷及制冷配套企业 100 多家，制冷配件基本实现了全配套。区内拥有冰熊、万宝、澳柯玛等 20 余个国内知名品牌，冰箱冰柜年产能 1800 万台、冷藏保温车年产量 2.5 万辆。民权高新区制冷产业现从业人员达到 4 万人，拥有省级工程技术研究中心 14 家。

11. 睢县——产业转移植入型

曾经的睢县在制鞋产业上一穷二白，2012 年以来，通过招商引资和扶持培育，制鞋逐步发展成为睢县的主导产业。睢县产业集聚区已成为"中国制鞋产业基地"，足力健、斯凯奇、安踏、特步、李宁、361° 等 10 多个国内外品牌鞋业落户睢县。近年来，睢县大力培育制鞋主导产业，引进并打造了睢县足力健鞋业产业园等一批重点企业，打响了"中国制鞋产业基地"的品牌，在全省乃至全国产生了令人瞩目的影响力。

睢县在"一双鞋"上下功夫，抢抓东南沿海制鞋产业转移机遇，持续发力，制鞋及鞋材配套企业从 2015 年的 59 家发展到现在的 427 家，年产能从 5000 万双发展到 3 亿双，制鞋产业本地配套能力达 90% 以上，在全国制鞋版图烙上了耀眼的"睢县印记"，为推动"中原鞋都"向"中国鞋都"阔步迈进奠定了坚实基础。足力健制鞋产业园作为睢县的明星企业，通过自身的智能化改造，大力发展新型工业，推动产业进步，促进了县域经济的稳步发展。

12. 遂平——特色农业产业型

遂平坚持以新发展理念为引领，大力实施"兴工强县"战略，抓住中国（驻马店）国际农产品加工产业园建设机遇，按照"世界领先、全国一流"的要求，聚力打造全国一流的遂平农产品加工园区，形成了食品制造标志性主导产业。

遂平先后引进国内外食品企业 128 家，其中上市企业生产加工基地 13 家，今麦郎食品、克明面业、五得利面粉、一加一天然面粉、思念食品、燕京啤酒、英联饲料、可米休闲食品、正康粮油等行业头部企业先后落户遂平。遂平坚持"三链同构"，加快产业融合，促进园区"二次创业"；围绕延伸产业链，做好招大引强、扩链强链文章，在珠三角、长三角、京津冀、福建设立招商办事处，持续开展产业链招商、多形式招商，先后引进了投资 30 亿元的伊利高端乳制品产业集群项目、投资 30 亿元的向日葵农产品智慧物流园等一批主导产业和新兴产业项目。

遂平巩固嵖岈山国家 5A 级旅游景区和全国休闲农业与乡村旅游示范县创建成果，聚焦打造"全域旅游、全景遂平"，强力推进旅游立县发展战略，全力争创国家全域旅游示范区和嵖岈山温泉小镇国家级旅游度假区。遂平强化宣传推介，打响了郁金香节、西游文化节、山地马拉松比赛、攀岩大赛、摄影大赛等赛事节会品牌，形成了"登山、赏花、沐温泉"的精品线路。

四、启示与反思

1. 启示

从河南众多县域经济成功样本中看，主导产业特色化是县域经济的重要支撑，根本在于特色产业的发展。无论是民权的制冷产业、睢县的制鞋产业，还是长垣的防腐产业、临颖的休闲食品产业，都是将主导产业做实做强，不求大而全，只求少而精，做优产业细分领域和优质产品，形成特色品牌，走品牌化、精细化发展之路，并且注重龙头企业、"单项冠军"和"隐形冠军"的培养，围绕一家龙头企业形成特色优势产业集群。

县域经济的发展需要尊重城乡发展规律和产业经济发展规律，如长垣、长葛的成功正是源于尊重本地产业经济规律，不搞"一刀切"地将产业集中到产业集聚区，因地制宜，给有发展潜力的乡镇经济和乡镇企业足够的发展空间，同时，充分重视本土外出务工人才返乡创业导入，有助于县域经济活力的提升，并带动本地就业，可以说是真正做到了将强县和富民统一起来。此外，县域经济的成功，多是一二三次产业融合发展，从农业到制造业再到服务业，形成产业闭环，最典型的就是从传统农业到现代农业，到农业精深加工、农业品牌化，再到乡村休闲度假、文旅休闲等，产业链上下游联动发展。

2. 反思

对于河南其他大部分传统县市来说，县域经济发展依然面临诸多问题，如部分县市经济排名逐年下滑，过度资源依赖、发展动力不足、"半城镇化"、发展特色不强、产业空心化、产城分离、用地效率低下、营商环境不优等。

结合以上河南 12 个经济标杆县市的成功经验，未来县域经济的发展可从主导产业特色化、龙头企业培育、产城融合、回归经济等方面着手，走出一条独具河南特色的县域经济高质量发展之路。要强调的一点是，梳理和总结河南县域经济发展经验，不仅对河南自身适用，对广大的中西部地区同样适用。

后 记

规划行业路在何方

当今世界正处于百年未有之大变局，特别是在"双碳"战略、生态文明时代、工业4.0、数字化浪潮的大背景之下，城乡发展格局、城市发展逻辑、功能布局、产业布局将发生重大转变，城市发展将向城市运营转变，这就要求规划也要适应这类变革。

而在这种大变局之下，规划行业、规划单位、规划人是否做出了积极的应变呢？从近年的行业发展来看，答案是否定的。首先，规划行业尚未适应规划地位的改变；其次，规划单位的专业技术力量出现断层；最后，规划人的知识结构尚不能适应新的规划要求。

以前的规划编制基本以增量为主，注重开发建设，因此各地为了获取更大的发展空间，各类规划的需求量较大，大到县市总体规划，小到村庄整治规划，成为大小规划单位的主流业务。而如今，"城市收缩""人口达峰"等屡被提起，规划体系和规划理念转变，注重控制增量、挖潜存量。因此，落实到国土空间规划中，众多县乡可能都要做存量规划，与以往的规划思路形成180°大转变，但地方发展的诉求依然强烈，追求用地指标和发展规模的意愿并未改变，这对于长期以来适应了做增量规划的从业人员来说，无疑是一种挑战。如何在地方发展诉求和用地指标控制之间找到一个平衡点，成为近期业内一直在努力的方向。

"规划规划，图上画画，墙上挂挂"，人们对于规划的诟病并不是毫无根据的，有些规划看似高端大气，但具体到操作层面无从下手。落地性和可操作性一直是规划设计面临的重要问题，要能够指导地方的可持续、高质量发展。

以我接触的各类规划为例，存在两种极端：一种是各类国际咨询公司编制的规划内容，绝大多数理念先进、设计精美、定位高大上、产业高精尖，同时旁征博引，但最终选取的产业能否落地并适应本地发展，就不得而知了；另一种是传统规划设计单位所编制的规划，中规中矩，基本延续了当地领导的思路或者各地"十四五"规划所涉及的内容，定位不明、理念传统、缺乏创新性和新理念，更缺乏项目库、招商图谱、路线图、时间表，因而不利于指导项目招商、落地。

由此，我对规划行业提出"灵魂三问"：

国土空间规划体系重构背景之下，规划行业该如何应对？

规划业务乏力，规划单位如何突出重围？

具有不同专业背景的规划人，该做哪些准备和改变？

一、如何应对行业变局

表面上看，"规划行业乏力、规划单位式微、规划人内卷"，根本原因在于"规划力量不足、规划服务滞后、规划成果不优"。规划行业要想保持以往的蓬勃发展态势，需要规划单位和规划人紧跟时代发展步伐。

1. 规划单位：主动求变，转型创新

在国土空间规划体系之下，空间规划类项目较为单一，虽然目前全国省市县乡村层面均开展编制项目，整体数量较多，但规划单位更多，处于"僧多粥少、旱涝不均"的状态，且项目类型均是围绕法定规划开展的，而法定规划在短期内无法完成，无法有效支持地方发展。规划单位应主动顺应国家的改革方向和市场需求，迅速转变思想观念，不能只注重经济发展、忽视城市品质和市民生活需求，由空间生产向人居营造转变，由发展向保护与发展协同转变。

当前，城市研究与决策咨询仍然具有巨大的市场需求，因此对于规划单位来说，应积极结合各地产业发展、产城融合、城市更新、项目策划、企业招商、园区运营、投融资平台搭建、乡村振兴、行动计划等实际诉求，在法定规划之外拓展服务咨询等业务，强化规划技术力量，为地方政府提供"战略咨询、策划、规划、招商、运营"等全流程下沉式贴身服务，实现自身多元化发展，做大规划业务蛋糕，实现从"规划技术供应商"向"城乡发展综合服务商和智库"转变。

概括来说，未来三种类型的机构必将引领市场：**综合型平台型智库机**

构、在地化贴身式服务机构、"一招鲜""小而精"型专业机构，其他"夹心层"类机构要么艰难转型，要么逐步被淘汰。

2. 规划人：乘风破浪，破圈突围

（1）**坚持专业自信，发挥专业优势**。当前我国的城镇化水平有待提升，虽然以往以新城新区为主的大规模扩张已经成为过去，但城乡发展的意愿和诉求并没有降低，老旧城区的产业更新和功能品质提升依然是存量时代的规划重点。

同时，规划内容将从以往的物质性规划设计跨越到发展战略、产业规划、规划管理、政策研究等，在发改、工信、产业、园区管委会、招商、生态环保等部门组织的各类规划中，规划单位的身影将越来越多。因此，规划人要树立专业自信，在未来的发展中依然具有强大的专业优势，规划行业依然拥有广阔的市场前景。

（2）**打破惯性思维，实现三个转变**。规划人需要从原有的工业文明发展思维向生态文明思维转变，从原有的增量规划传统思维向存量规划、减量规划思维转变，从传统的物质规划思维向人居环境营造思维转变；编制契合地方实际、具有地域特色、符合发展阶段、体现人民诉求的规划成果。

（3）**尊重客观规律，科学规划研判**。无论是以前从事城乡规划或者土地规划，还是目前从事国土空间规划，都需要遵循规律。以前从事城乡规划的规划人擅长城市和乡村的规划建设，但对于生态、自然等规律相对陌生，而以前从事土地规划的规划人习惯于从自然维度出发编制规划，但是对于城乡发展规律的认知较为薄弱，在新的发展阶段，则应该尊重自然生态、城市乡村、人口流动、产业迭代等客观规律，确保规划编制具有前瞻性、科学性和系统性。

（4）**树立归零心态，增强知识储备**。新的国土空间规划将山、水、林、田、湖、草作为一个"生命共同体"，进行统一规划和管理，在国土空间规划体系之下，编制工作内容繁杂，贯穿从宏观到微观的多个层级，规划人应该积极树立"归零"心态，积极提升规划领域的数据化分析能力，掌

握 GIS、Python 等分析工具，在精通某一专业的知识的前提下，形成"一专多能"的规划能力，积极涉猎多学科理论方法，持续更新自身技术储备，为规划业务领域拓展奠定基础。

（5）**强化互动协作，实现多方共赢**。当前，城市规划、土地管理、地理学、经济学、交通学、生态学、管理学等技术人员都参与规划行业，各专业人员应该不断强化与相关专业规划力量的协作，取长补短，强化自身长板，补齐短板，实现合作共赢，进而不断提升规划成果的质量，使规划有灵魂、有情怀、有温度。

二、思危、思变、思远

在大变局之下，城市非理性规模扩张时代已经结束，建设热潮减退，规划学科急剧变革，地产行业、规划行业处于阵痛期，规划业务重心和方法发生极大改变，"未来的规划人是否会被人工智能替代"这一问题，使得规划专业学生、规划行业从业者对就业方向、职业选择、人生规划感到迷茫。

未来的规划行业将是一个多元融合、专业合作的行业，单打独斗无法持续发展，需要借助专业指导力量助力个人成长。

人生不止一面，也并不只有一种选择，就看你怎么走，应选择自己热爱、擅长并适合自己的领域，求近思远、深入耕耘。摆在规划专业学生以及规划人面前的道路其实有千万条，在此梳理可以选择的 10 大方向，仅供参考。

1. 规划设计院

规划人在规划设计院就职的比重相对较高，这类规划院包括城市规划院和土地勘察设计院等，主要做的是法定规划，如正在加速推进的国土空间规划等。知名的规划设计院有中规院、清华同衡、同济院、深规院、广东省院、江苏省院等，各规划设计院所处城市以及设置岗位不同，工资待遇相差较大。需要指出的是，虽然目前规划行业受到诸多诟病，但整体看依然持续向前，而且在转型阵痛之后，相信必定会拨云见日。作为坚守专业或行业多年的规划人们，与其持"围城"心态，一山望着一山高，倒不如追求执念。

2. 设计事务所

设计事务所主要为一些境外设计机构在中国的分支机构，与规划相关的业务主要集中于区域或城市概念规划、城市设计、建筑设计等，知名的国际顶尖规划设计事务所有美国 SOM 建筑事务所、美国艾奕康建筑事务所（AECOM）、英国阿特金斯集团（ATKINS）、矶崎新工作室等。设计事务所大多地处一线城市，因此工资待遇要高于一般的设计单位。

3. 地产公司

住宅地产、商业地产、产业地产公司都会设置与土地和规划相关的管理部门。规划人可以从事其市场调研、企业拿地、土地开发、规划管理、产品设计、营销设计等工作。

4. 智库机构

智库机构主要为城市或区域发展提供决策咨询、城市运营、战略定位、产业发展、创新转型、项目策划等智慧服务，可以说是传统规划设计院的上游企业，分工有所差异。智库机构突出为城市或区域谋划策划，而规划设计院侧重于规划建设。智库机构分为两种，一种为政府类，如国宏信息研究院、中国国际经济交流中心、综合开发研究院（中国·深圳）、中国（海南）改革发展研究院等国家级机构，各地发展研究中心、政研室及省市直系统研究机构，各类高校及科研院所等机构，如北京大学国家发展研究院；另一种为市场型，知名的智库机构有智纲智库、华高莱斯、北京零点研究集团等。

5. 规划管理部门

规划管理可以分为两个层面，第一种为行政管理，一方面规划专业学生可通过考公，进入公务员序列，在综合管理部门工作；另一方面可以进入各地规划管理部门从事地方相关规划业务管理工作。第二种为技术管理，目前各地均设置有规划研究中心等管理部门，面向社会招聘规划专业技术人才参与技术管理，如深圳、东莞、绍兴、成都等多地连年发布需求，招聘副总规划师、主任规划师，待遇普遍较为丰厚。

6. 投资集团

此类单位主要包括政府背景的投资集团和市场化投资公司。其中，政府背景的投资集团主要由国有资本投资运营，如城投、产投等，是各城市政府的投资融资平台，承担相应的政府职能。市场化投资公司主要是地产类、文旅类企业下属的投资集团，如华侨城旅投集团、方特投资发展有限公司、城市更新投资集团、东南生态修复有限公司等。

7. 咨询机构

咨询机构可以分为综合型和专业型两大类。综合型咨询机构主要是为区域、城市、行业、企业等众多领域提供咨询服务的公司，知名的有麦肯锡、波士顿、罗兰贝格、兰德、贝恩等；专业型咨询机构主要面向某一类或几类业务领域，可以分为产业咨询类、地产咨询类、管理咨询类、营销策划类等，产业咨询类如赛迪、前瞻、博为、中为、慧聪研究等；地产咨询类如仲量联行、第一太平戴维斯、戴德梁行、世邦魏理仕、高力国际等；管理咨询类如普华永道、毕马威、德勤、安永等；营销策划类如奥美、华与华、南方略、蓝杉互动等。

8. 行业研究企业

行业研究人员可以分为两类，一类为卖方研究员，主要为券商研究机构的行业研究员，为上市公司等提供行业研报、公司研报、策略研报及服务等，相关企业如中金、中信、国君、海通、广发、长江、国盛；另一类为买方研究员，主要为投资机构内部提供分析报告，给出对公司的判断，为机构投资经理提供投资决策服务。

9. 教育机构

除可以到高校从事规划专业的教育工作外，因规划人为了提升个人能力和执业水平去参与各类职业教育培训，针对职业成长、专业技能（GIS等）提升等方面的培训需求旺盛，因此规划人在一线工作了一段时间，经验得到提升后，可以选择转身投身相关职业教育培训。

10. 跨界转行

除以上规划相关领域外，也有不少规划人跨界转行，投身其他行业领域，如电商、互联网、民宿、康养、自媒体等。

业余与专业之间，看似相差不多，实则隔着千山万水。借用一位我十分敬佩的前辈的一句话："**做自己感兴趣的事，做自己有感觉的事，持之以恒，坚定不移地去做好这件事，成功是顺带的结果，不成功问心无愧！**"

很多人总是焦虑，抱怨形势不好、行业内卷、机会渺茫，岂不知，根源是自身专业不精、造诣不高，无真正安身立命之本。**靠胆大、投机、人脉、资源发财致富的时代，终将过去，未来必然是靠极致专业，能解决问题尤其能解决真问题者的时代。**

面对所谓的寒冬或衰退周期，唯有保持定力、提升认知、专注聚焦、苦练本领。我国已经进入生态文明建设和存量规划新时代，规划行业、规划单位及规划人应迎接变革、重拾信心、超越自我，努力在危机中育先机、于变局中开新局。

巨人过河，无须策略，踏浪前行。